穿越时空 走进恐龙王国

糜嘉琛　柴玉慧
金荣莹　王　珊
编著

中国林业出版社
China Forestry Publishing House

图书在版编目（CIP）数据

穿越时空　走进恐龙王国 / 糜嘉琛等编著. -- 北京: 中国林业出版社, 2023.12

ISBN 978-7-5219-2404-6

Ⅰ. ①穿… Ⅱ. ①糜… Ⅲ. ①古动物—脊椎动物门—普及读物 Ⅳ. ①Q915.86-49

中国国家版本馆CIP数据核字（2023）第204626号

策划编辑：张衍辉

责任编辑：葛宝庆　张衍辉

出版发行：中国林业出版社

［100009，北京市西城区刘海胡同7号，电话（010）83143521］

电子邮箱：cfphzbs@163.com

网址：www.forestry.gov.cn/lycb.html

印刷：河北京平诚乾印刷有限公司

版次：2023年12月第1版

印次：2023年12月第1次

开本：710mm×1000mm　1/16

印张：8.5

字数：249千字

定价：58.00元

前 言

博物馆是人类知识的殿堂，尤其是自然历史类博物馆更是深受公众的喜欢。在目前所发现的物种中，各种已经灭绝的古生物吸引了众多的目光，其中恐龙可以说是明星类群，深受小朋友们的喜爱。许多古生物学家都是依儿时对恐龙的浓厚兴趣从而走上了古生物学研究的道路。《穿越时空　走进恐龙王国》将带你了解生命从无到有的进程以及从简单到复杂的演化历程，领略地球不同地质历史时期里各生物类群的风采。同时，你还可以详细了解恐龙类的身体基本结构、各部位骨骼的组成、身体结构与习性之间的联系等相关知识。希望读者能够通过这些知识，对恐龙类或其他古生物类群产生更浓厚的兴趣，遨游在博物馆知识的海洋里。

编著者

2023 年 11 月

目录

生命，地球上最为神奇的产物，我们人类就是其中之一。随着我们对世界认知的不断加深，我们的科学水平也在同步提高，这也就使得我们迫切地想要知道生命是如何出现的，以及生命是怎样一步步变成今天的样子的。经过科学家们不懈的努力与探索，今天我们能够描绘出一幅生命演化的长卷，来了解地球生命演化的历程。

生命的
起源

地质学家通过研究地层信息与岩石，将整个地球的历史分为若干个时期。我们给这些时期分别起了名字，并将它们绘制到一张表格上，方便使用，这就是地质年代表。依照不同的年代将地球的历史分为了几个时期，这些时期还能够继续细分下去，每一个时期都生活着不同的生物。而古生物学就是依靠地层当中的古生物化石，来获取各种信息，从而了解这些已经灭绝的生物的一门学科。

地质年代表
Geologic time

宙	代	纪	世	距今大约年代	主要生物演化
显生宙	新生代	第四纪	全新世	现代	人类时代 现代植物
			更新世	1.17 万年	
		新近纪	上新世	258.8 万年	哺乳动物 被子植物
			中新世	533.3 万年	
		古近纪	渐新世	2303 万年	
			始新世	3390 万年	
			古新世	5600 万年	

宇宙的起源

依照目前天体物理学研究的成果，科学家们推测我们所生活的宇宙是在大约137亿年前诞生的。关于宇宙的诞生，人类提出了许多的假说，其中流传比较广泛的一种说法是宇宙大爆炸理论。在宇宙诞生前，所有的物质都集中在一个点上，这个点被称为奇点。而正是这个奇点发生了大爆炸，爆炸的规模是我们无法想象的，爆炸产生了今天的所有物质。在大爆炸最初的几秒，物质只能以亚原子（电子、中子、质子）的形式存在。同时，大爆炸所产生的热量使温度达到了让人难以置信的100亿摄氏度。但由于宇宙的体积迅速膨胀，在仅仅几分钟之后，温度便冷却到了10亿摄氏度以下。这时大爆炸所产生的基本粒子开始发生聚合反应。约100万年后，宇宙的温度只有大约几千摄氏度，原子开始形成，产生了氢元素与氦元素及一些其他元素。氢元素与氦元素是最轻的两种元素，它们的原子序数分别是1和2。最早形成的是氢原子，紧随其后出现的是氦原子。这两种物质组成了宇宙中90%左右的可见物质，宇宙中的其他元素都是通过核聚变的方式所产生的，比如我们经常提到的氧、碳等。

宇宙中的物质逐渐聚集，形成了气体团，这些气体团在引力的作用下变得更加致密，逐渐诞生出了各种星体。但核聚变反应所产生的元素最多只能产生到铁元素（原子序数56），这时恒星内部的核聚变反应便停止了，缺少了能量供给，恒星无法继续抵抗引力作用，便会发生坍缩。在坍缩的构成中，中子与质子的轰击作用会更为强烈，最终形成超新星。如果超新星的质量足够大，坍缩过程会继续进行，最终发生超新星爆发，这时会产生比铁元素更重的其他元素，这些元素会随着爆发被抛射到宇宙中。今天，科学家可以依靠天文仪器来观测到这样的过程。

		奥陶纪	晚奥陶世	4.58 亿年	鱼
			中奥陶世	4.70 亿年	
			早奥陶世	4.85 亿年	裸蕨
		寒武纪	晚寒武世	4.97 亿年	
			中寒武世	5.21 亿年	
			早寒武世	5.41 亿年	
元古宙	新元古代	埃迪卡拉纪		6.35 亿年	无脊椎动物
		成冰纪		8.5 亿年	
		拉伸纪		10 亿年	
	中元古代	狭带纪		12 亿年	
		延展纪		14 亿年	
		盖层纪		16 亿年	
	古元古代	固结纪		18 亿年	
		造山纪		20.5 亿年	古老的菌藻类
		层侵纪		23 亿年	
		成铁纪		25 亿年	
太古宙	新太古代			28 亿年	
	中太古代			32 亿年	
	古太古代			36 亿年	
	始太古代			40 亿年	
冥古宙				46 亿年	地球形成与化学进化

宙	代	纪	世	距今大约年代	主要生物演化
显生宙	中生代	白垩纪	晚白垩世	6600 万年	爬行动物 裸子植物
			早白垩世	1 亿年	
		侏罗纪	晚侏罗世	1.45 亿年	
			中侏罗世	1.64 亿年	
			早侏罗世	1.74 亿年	
		三叠纪	晚三叠世	2.01 亿年	
			中三叠世	2.37 亿年	
			早三叠世	2.47 亿年	
	古生代	二叠纪	晚二叠世	2.52 亿年	两栖动物 蕨类
			早二叠世	2.72 亿年	
		石炭纪	晚石炭世	2.99 亿年	
			中石炭世	3.15 亿年	
			早石炭世	3.31 亿年	
		泥盆纪	晚泥盆世	3.59 亿年	
			中泥盆世	3.83 亿年	
			早泥盆世	3.93 亿年	
		志留纪	晚志留世	4.19 亿年	
			中志留世	4.23 亿年	
			早志留世	4.33 亿年	
				4.43 亿年	

太阳系及地球的诞生

宇宙从 137 亿年前诞生，便在不断地形成新的恒星。这些恒星从出生到死亡的过程在不断上演，直到大约 60 亿年前，在银河系的边缘，一个不起眼的小型恒星即将诞生。这个小型的恒星就是我们今天所说的太阳，不过在那时它还只是一个原始的星团。随着太阳的逐渐成形，太阳系便诞生了，太阳系内的主要星体也逐渐形成。其中就包括了我们所生活的地球。

地球是在大约 46 亿年前诞生的，初生的地球并不孤单，因为在其不远处，还有另外一颗行星也诞生了，这颗地球的姐妹行星被称为——忒伊亚。忒伊亚是一颗微行星，体积要比地球稍微小一点。由于距离比较近，在大约 45 亿年前，“年轻”的地球与忒伊亚发生了剧烈的碰撞，在这次碰撞中，两颗星球都被撕裂开来，但由于地球相对较大，撞击所产生的碎片大多被地球吸引过来，“受伤”的忒伊亚只能围绕在地球的周围，我们今天称它为——月球。

早期的地球历经磨难，当时太阳系比较混乱，各种小行星会经常性地撞击地球，好在有月球作为地球的屏障。不过即便如此，地球诞生初期的环境也是极其恶劣的。由于地球刚刚诞生，再加上小行星的经常性撞击，这就使得整个地球温度不断升高，看起来就像一个岩浆球，这个时期的地球表面与中心物质成分基本相同。随着时间的流逝，较重的物质向地心下沉，较轻的物质向上来到了地表，这就使得地球出现了物质分层。地球的温度也慢慢冷却了下来，在大约 38 亿年前最初的地壳出现了，不过当时的地壳是一层岩石壳，看起来一片荒芜。而伴随着火山活动以及地外天体撞击，将地球岩浆内部的水蒸气释放到了地球表面，形成了原始的大气层。水蒸气冷却后便形成了降雨，最终逐渐汇聚成原始的海洋。最初的生命就诞生于原始的海洋当中。

SUN

生命的出现

01 米勒实验

科学家对生命的出现做出了大量的推测和实验，其中米勒实验是支持人数最多的假说之一。米勒实验模拟了原始大气、原始海洋、早期地球大气中的闪电及高温环境等。通过米勒实验合成了多种有机物，这些有机物是构成今天生物体的基础物质。

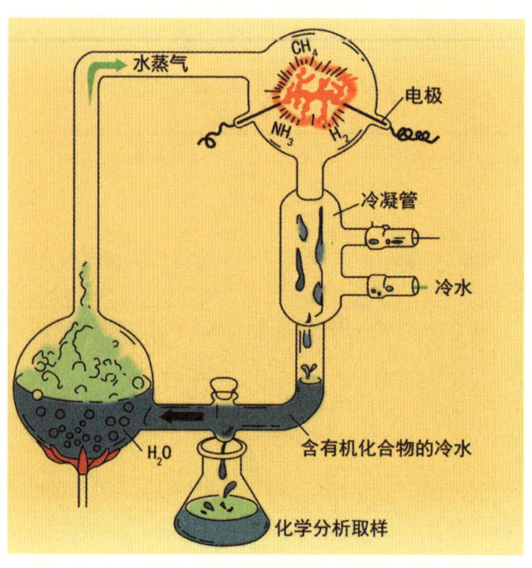

米勒实验示意图

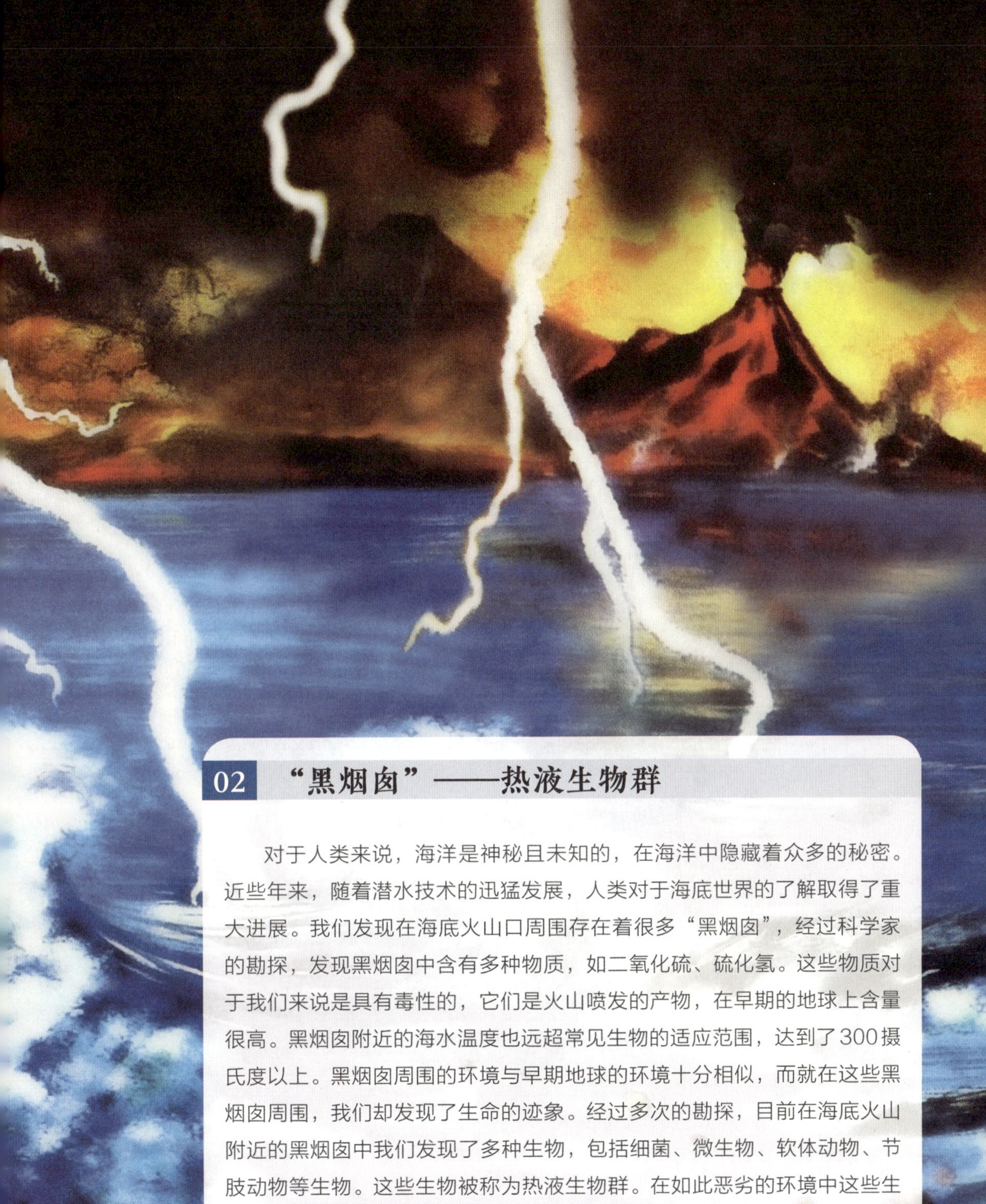

02 “黑烟囱”——热液生物群

对于人类来说，海洋是神秘且未知的，在海洋中隐藏着众多的秘密。近些年来，随着潜水技术的迅猛发展，人类对于海底世界的了解取得了重大进展。我们发现在海底火山口周围存在着很多“黑烟囱”，经过科学家的勘探，发现黑烟囱中含有多种物质，如二氧化硫、硫化氢。这些物质对于我们来说是具有毒性的，它们是火山喷发的产物，在早期的地球上含量很高。黑烟囱附近的海水温度也远超常见生物的适应范围，达到了300摄氏度以上。黑烟囱周围的环境与早期地球的环境十分相似，而就在这些黑烟囱周围，我们却发现了生命的迹象。经过多次的勘探，目前在海底火山附近的黑烟囱中我们发现了多种生物，包括细菌、微生物、软体动物、节肢动物等生物。这些生物被称为热液生物群。在如此恶劣的环境中这些生物依然能够存活，这就为地球上生命的起源提供了一个新的思路：最初的生命是否就诞生于相似的环境中呢？生物学家希望通过这对热液生物群的研究，以求能够找出生命诞生的秘密。

穿越时空

生命的
演化历程

太古宙（距今 40 亿 ~25 亿年）

太古宙时期是生命刚刚出现的时期，这个时期的地球了无生气。地质运动十分剧烈，所以原始的大陆存在的时间很短。这时的地球表面主要是由花岗岩形成的，这些原始陆地面积很小，在整个地球上呈现零星分布。随着地质运动，这些原始的陆地逐渐消失，直到30亿年前才又逐渐出现在地球上。

而当时地球上的生命形式十分简单，主要以古细菌和蓝细菌为主。这些微小的生物依然在地球上留下了痕迹，它们形成的化石被称为叠层石。叠层石在元古宙十分普遍，但是在太古宙则比较稀少，直到太古宙晚期才遍布世界各地。目前，我们发现的最古老的叠层石是澳大利亚皮尔巴拉地区的太古宙克拉通。

太古宙时期陆地分布示意图

01 藻类的时代

太古宙时期的生命形式以藻类为主，所以太古宙时期也被称为藻类的时代。它们缓慢地改变着地球大气的成分，为后期生命演化提供了基础。藻类是最接近植物的原生生物，包含了很多种类，单细胞和多细胞都有。藻类从太古宙时期开始出现，到元古宙时期已经出现了很多种类。

- **蓝细菌：** 具有原始的单细胞结构，被认为是最早的生命形式。蓝细菌直到寒武纪时期，由于腕足动物的取食导致其数量下降，其他藻类数量则随之上升。
- **卷曲藻：** 最早的多细胞藻类，出现在距今22亿年的元古宙早期。
- **早期疑源藻：** 最早出现在距今19亿年，是前寒武纪末期和古生代时期浮游生物的重要组成部分。
- **绿藻与红藻：** 绿藻一直延续至今，有着运动与固着两种生活方式。红藻的起源可以追溯到元古宙，其中一些演化出了坚硬的白垩质骨骼。
- **石灰藻：** 出现在显生宙，浅海种类的骨骼参与了钙质珊瑚砂的形成。
- **其他藻类：** 颗石藻、硅藻、甲藻等。这些藻类都可作为判断沉积岩层年龄的依据。

元古宙（距今 25 亿 ~5.41 亿年）

从太古宙到元古宙，地球上经历了一系列的地质事件过渡。花岗岩的结构与组成成分发生了改变，砂岩及其他沉积岩明显增厚。元古宙时期，出现了大面积的陆地；在距今约 14 亿年，较小的大陆聚集成为罗迪尼亚超大陆，这时的地貌以山脉为主。同时，劳亚古陆与冈瓦纳古陆的雏形也已出现。

距今 18 亿年的元古宙时期出现陆相红层。这说明大气氧含量明显升高，含铁矿物被氧气氧化，所以沉积物呈现红色。这也预示着海洋中藻类大量繁殖，改变了地球大气层的成分，为后续生物的演化提供了必要条件。由于藻类繁盛，元古宙时期叠层石分布广泛，在浅海地带大量出现。不过在距今约 10 亿年，叠层石的数量锐减，这可能是地球环境发生了巨大变化或者原始植食性生物大量取食藻类所造成的。

前寒武纪时期陆地分布示意图

大事件

- 距今 23 亿年，真核生物出现：相对于原核生物，真核生物体内的遗传物质被膜结构所包围，能够比较稳定地进行复制。同时，细胞中出现了多种细胞器，不同细胞器功能不同，为后期演化为多细胞生物打下了基础。

- 距今 18 亿年，有性生殖出现：生殖细胞的出现，大大加快了生物演化的速度。在有性生殖出现前，生物的演化速度是十分缓慢的。有性生殖极大丰富了基因库，进而丰富了生物的多样性，为后期生物大爆发提供了平台。

- 距今 6 亿年，埃迪卡拉生物群出现：埃迪卡拉生物群中主要的生命形式是以海绵动物、腔肠动物（珊瑚、海葵、水母）、软体动物（蠕虫）等为主。由于这些生物大多缺少外骨骼，所以很难形成化石，通常发现的多为印痕化石。埃迪卡拉生物群中发现了能够进行缓慢移动的生物——狄更逊水母，以分形结构迅速繁盛的恰尼海鳃（恰尼虫），以及斯普里格蠕虫等多种在生物演化史上的重要物种。埃迪卡拉生物群的发现为后期寒武纪时期生命大爆发事件奠定了坚实的基础。

狄更逊水母
(*Dickinsonia*)

狄更逊水母
(*Dickinsonia*)

莫森水母
(*Mawsonites*)

早期无脊椎动物演化

- **海绵动物：**最简单的多细胞生物之一 ，延续至今。早期的海绵动物由大量单细胞堆积而成，依靠细胞膜表面糖蛋白的黏附作用使彼此黏结在一起，所以还没有出现细胞的分化与分工。将现生的海绵动物破坏之后，在适宜条件下，它们的碎片会彼此聚集在一起，重新组成新的个体。

- **腔肠动物：**元古宙晚期的生物以腔肠动物为主，包含的类型为珊瑚、海葵、水母。早期的腔肠动物出现，标志着组织分化已经开始。它们分化出了内胚层与外胚层，有一个口和用于消化食物的中央腔。

- **蠕虫与软体动物：**具有真正的体腔和复杂的神经系统。它们的化石与元古宙腔肠动物的化石保存在一起，说明高等动物的祖先出现的时间有可能比中元古宙更早。

斯普里格蠕虫
(*Spriggina*)

三分盘虫
(*Tribrachidium*)

古生代（距今 5.41 亿 ~2.52 亿年）

古生代又可以分为早古生代（距今5.41亿~4.19亿年）和晚古生代（距今4.19亿~2.52亿年）。其中，早古生代包括寒武纪、奥陶纪、志留纪；晚古生代包括泥盆纪、石炭纪、二叠纪。

01 寒武纪（距今 5.41 亿 ~4.85 亿年）

寒武纪时期是生物大爆发的时期，被称为寒武纪生命大爆发。在这次事件中，几乎我们今天所有门类的生物都出现了。在寒武纪时期，出现了很多今天看起来十分怪异的生物，有一些我们耳熟能详，有一些我们闻所未闻。在寒武纪时期同时出现了很多重要的器官，这些器官对后期的生物演化起着至关重要的作用。

骨骼的出现

- 浅海生物为了免遭紫外线辐射或者暴风的袭击；
- 海水成分发生变化，骨骼最初可能是储存多余的磷酸盐和碳酸盐的器官；
- 寒武纪肉食性动物出现，作为防御功能。

寒武纪时期的生物

奇虾

奇虾是地球上最早的顶级猎食者。相对于其他生物几微米至几厘米的身体来说，绝大多数奇虾的体长在60厘米至2米之间。奇虾在当时位于食物链的绝对顶端。其身体很奇怪，它有一双硕大的眼睛，能够仔细观察周围的环境。在嘴的前方还有两个触手，可以灵活地捕捉其他动物。身体的两侧有很多活动板，可以用来快速地划水。不过奇虾的身体存在着一个巨大的缺陷，就是它的整个身躯由一整块坚硬的外壳所形成，在运动的过程中无法灵活地改变方向。在受到外力的巨大作用时，外壳一旦发生破裂，其身体很难抵御其他小型生物的袭击。

三叶虫背甲构造模式图

寒武纪时期的生物

三叶虫

三叶虫可以说是寒武纪时期最繁盛的生物之一。它们一出现很快就遍布寒武纪时期的海洋，种类繁多，有些种类有着异常发达的大眼睛。三叶虫从寒武纪出现，直到二叠纪时期，最后一类三叶虫才灭绝。三叶虫的食性广泛，植食性与肉食性都有，虽然它们并不是当时的顶级猎食者，但却是最成功的生物之一。我们今天在世界各地都能够发现三叶虫的化石，而且数量很多。寒武纪时期也被称为三叶虫的时代。

寒武纪时期的生物

海口鱼

海口鱼相对于寒武纪时期的其他动物来说，可能并不起眼，无论是体型、形态都不奇特。但海口鱼作为最早的脊索动物之一，却是进化史上的“巨人”。它们的后代就是脊椎动物。海口鱼的脊索还没有完全骨化，且没有形成我们今天所说的大脑。但身体结构上的优势却给了它们灵活的身手，虽然身体较小却依然努力地在寒武纪时期生存了下来。

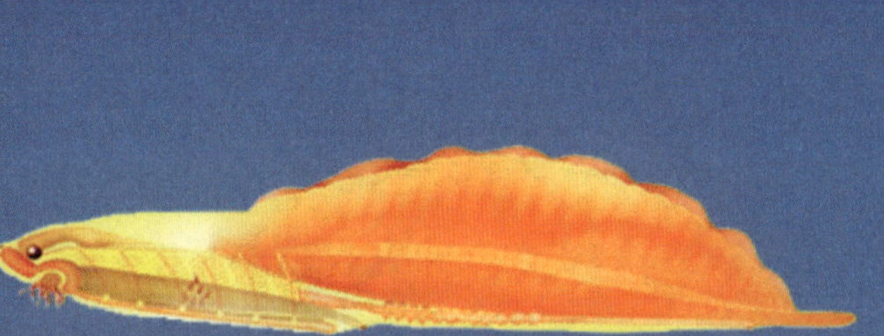

梭状海口虫

海口虫化石

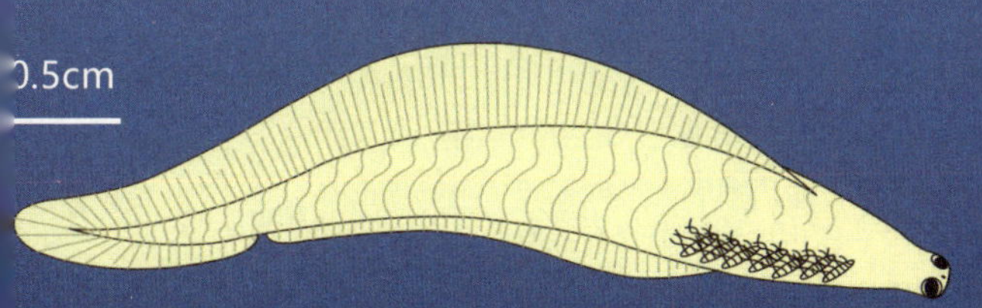

海口鱼复原图

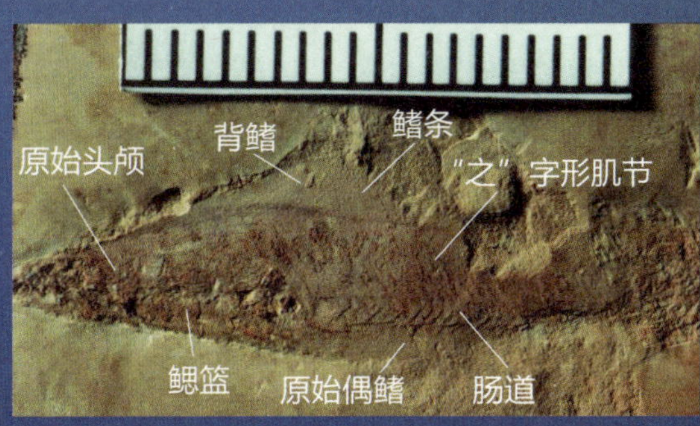

海口鱼化石

三叶虫分类

· **球接子目**：距今 5.45 亿年出现，身体小型化，胸节较少，距今 4.43 亿年灭绝。
· **莱德利基虫目**：距今 5.45 亿年出现，在头甲上发现了活动颊，寒武纪中期灭绝。
· **耸头虫目**：潘杰尔器官出现，在寒武纪早期出现，寒武纪末期灭绝。
· **褶颊虫目**：寒武纪早期出现，拥有进步的复眼，在泥盆纪末期灭绝。
· **眼镜虫目**：奥陶纪初期出现，拥有非常进步的复眼，泥盆纪末期灭绝。
· **裂肋虫目**：奥陶纪初期出现，拥有潘杰尔器官，泥盆纪末期灭绝。
· **齿肋虫目**：奥陶纪初期出现，拥有潘杰尔器官，泥盆纪末期灭绝。
· **蚜头虫目**：寒武纪末期出现，具有潘杰尔器官，二叠纪末至三叠纪初期灭绝。
· **镰虫目**：无吻板，且面缝合线的样式十分特殊，是一种沿着头部外缘的缝合线形式。晚寒武纪出现，晚泥盆纪灭绝。

寒武纪末期生物大灭绝

寒武纪生命大爆发之后，物种迅速减少，形成了第一次全球性的生物大灭绝事件。关于这次的灭绝事件，科学家推测有以下几点原因：

· 海平面持续上升，使得原本的浅海地区成为深海地区，而深海地区的氧含量低，缺氧成为浅海生物死亡的因素之一；

· 海平面上升，浅海地区的生物死亡后，海平面又开始下降，使得内陆地区的内陆海干涸，原本生存其中的生物灭绝；

· 这一时期，海洋中首次出现了“微球运转者”，这类生物将代谢的废物以微型的小球状排出。因这些球状的代谢废物迅速下沉，细菌、真菌等未能将其分解，在海底形成了碎屑，这些碎屑为海底穴居生物提供了大量的食物，从而导致了海底环境改变，使得寒武纪时期的滤食性生物灭绝。这一事件被称之为“雪球事件”，该事件导致了寒武纪生物大灭绝，同时引发了奥陶纪生物大辐射。

02 奥陶纪（距今 4.85 亿 ~4.43 亿年）

奥陶纪是海平面升降十分剧烈的时期，在奥陶纪中期，几乎所有的陆地都被淹没了。这是由于在奥陶纪开始时，大气中二氧化碳浓度陡然升高，造成了全球性的温室效应。随着全球气温的升高，极地的冰川融化，造成了海平面的上升。而到了末期，二氧化碳浓度又急剧下降，极地冰川的形成使得海平面下降。

奥陶纪时期陆地分布示意图

奥陶纪时期的生物

软体动物

双壳类和腹足类比头足类更加丰富。

原始的软体动物包括无板类、多板类、单板类。其中小型单板类被认为是头足类的祖先。

头足类：

具有房室的外壳与喷水推进系统，这两个结构是其快速演化与扩散的关键。

大脑发达，视觉与哺乳动物非常相似。

早期的鹦鹉螺、直角石、袋角石等都不太善于游泳，但中奥陶纪后外壳发生卷曲，这时的头足类十分善于游泳。

现生头足类外壳大多退化。

由于奥陶纪时期，软体动物十分繁盛，占据了当时的主要生态位，所以奥陶纪时期也被称为软体动物时代。

棘皮动物

现生的棘皮动物包括海星纲、海胆纲、海百合纲、海参纲、海蛇尾纲。

中奥陶世圣彼得堡地区棘皮动物有 12 个纲。其中：

海箭类：具有非对称的身体结构，身体前后各有 2 个尾状附肢。

海蛇函：看起来与今天的海蛇尾很像，主要靠滤食海底微生物为食。

始海百合：体型相对较小，高 1.5 厘米。

孔菱类：看上去就像菱形的水塔，被称作水晶苹果。

锥石：外壳为奇特的细长的四棱锥形，口盖分为 4 个瓣。

奥陶纪生物大灭绝

在奥陶纪末期，郝南特期的大范围冰川作用导致了奥陶纪末期生物大灭绝。奥陶纪末期的生物大灭绝分为两个阶段。第一阶段是在郝南特期开始时，由于全球气温下降，冰川大量形成，导致了海平面的下降。第二阶段与第一阶段相隔50万~100万年，第二阶段二氧化碳浓度升高，冰川融化，造成了海平面的升高。奥陶纪时期形成了大面积的生物礁，在这样的生物礁群落中的生物，属于地域性和层次性高度特化的生物类群，已经适应了狭窄的环境，海平面的剧烈变化破坏了礁石生态系统，因此生物礁群落生物没能躲过这次灭绝。

03 志留纪（距今 4.43 亿 ~4.19 亿年）

志留纪是早古生代最后一个时代，志留纪地层的名字是因英格兰与威尔士交界地区的远古部落“志留人”而得名的。志留纪时期极地地区的冰盖消失，全球气候温和，海洋的海平面持续高位。整个志留纪时期没有发生全球性的大灭绝事件。在志留纪时期，脊椎动物迎来了第一次大辐射。不过这一时期的脊椎动物仍然没有占据顶层生态位，志留纪时期海生节肢动物同样十分繁盛，并且依靠身体结构上的优势，演化出了很多大型的品种，称霸志留纪时期的海洋。所以，志留纪时期也被称为节肢动物时代。

志留纪末期，海平面开始从高位下降，这就使得陆地面积增加，一些浅海的生物开始尝试向陆地进发。海洋当中，无颌类与早期鱼类的主要类型都已经出现，得到了很大的发展，开始占据主要生态位。尤其是颌的出现，大大增加了鱼类的优势。称霸志留纪大部分时期的节肢动物虽然仍占领了一些顶级生态位，但面对脊椎动物的步步逼近，已经开始走下王位。不过节肢动物身体的外壳使得它们对陆地生活具有更高的适应能力，某些种类的节肢动物开始尝试登上陆地。维管植物的出现，使得植物也逐步深入陆地，改变了当时地球的地貌，为动物的登陆提供了基础条件。

志留纪时期陆地分布示意图

志留纪时期的生物

笔石动物

志留纪时期的主要浮游动物，生活在极度缺氧的深海环境当中。因为化石的外观看起来像是用铅笔在岩石上书写的痕迹，所以得名“笔石动物”。笔石动物单体拥有相同的身体结构。笔石动物是一类雌雄异体的生物，但是随着群体的不断成长，雄性个体会被逐渐淘汰，而雌性个体会慢慢转变为雌雄同体。笔石动物还能够通过无性繁殖来产生新的个体，在环境适宜时通过出芽生殖来完成，但由于生存在海水环境中，如果受到水流冲击影响严重时就会采取有性生殖方式。它们身体的很多特征都有利于游动，所以海洋水流环境是影响它们演化的主要因素之一。笔石动物在奥陶纪时就演化出了漂浮的能力，由于生活在海洋深处，受到含氧量以及浮游生物不同等因素的影响出现了垂直方向上的分化，漂浮型笔石动物因此出现，并一直延续到了泥盆纪，行固着生活的笔石动物则存活到了早石炭世。

造礁生物

在古生代主要的造礁生物是珊瑚与钙质海绵，这两者在志留纪与泥盆纪时期最为繁盛。珊瑚在不同时期的种类不同，横板珊瑚从奥陶纪出现生存至二叠纪时期灭绝，它们是一类模块化的生物。志留纪时期的珊瑚是四射珊瑚，现今已经灭绝，四射珊瑚呈分支状单体构型。今天的现生珊瑚为六射珊瑚与八射珊瑚。

无颌类

无颌类

无颌类最早在寒武纪出现，在奥陶纪演化出了骨质头甲与躯甲，繁衍至志留纪。今天仍然有无颌类存在，不过现生只有盲鳗与七鳃鳗两个种。志留纪无颌类有着厚重的头骨，头骨保护着大脑，由于没有颌结构，取食比较被动，身体缺少骨盆结构，且大多数无颌类没有偶鳍，是有颌类的姐妹类群。中奥陶世时，主要的无颌类为星甲鱼类和阿兰德鱼类，它们都拥有侧线系统。到了早志留纪冰期之后，无颌类才繁盛起来，在北半球主要分布的是拥有不同形状甲片的异甲鱼类和具有骨质甲片的骨甲鱼类。而其他如花鳞鱼类与缺甲鱼类分布得相对更为广泛。

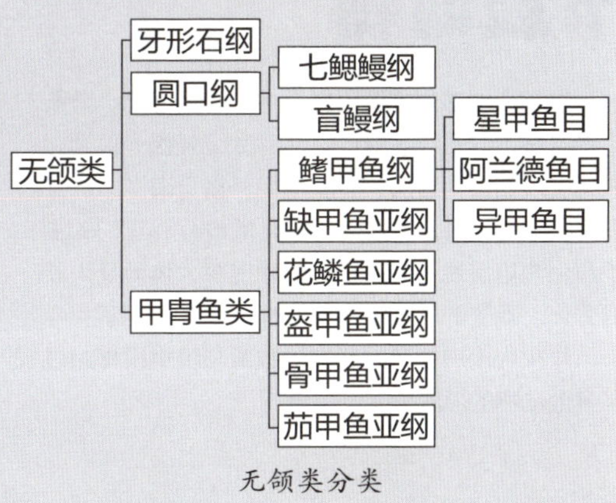

无颌类分类

志留纪时期的生物

板足鲎类

板足鲎类

板足鲎类最早出现于奥陶纪，在志留纪时期最为繁盛，种类很多，体型庞大，大型的板足鲎类体长能够达到3米左右，是志留纪时期的顶级掠食者，也是志留纪时期脊椎动物最主要的竞争对手。

节肢动物

在整个地球生物演化历程中的早期时代，节肢动物牢牢占据着统治地位。从寒武纪开始一直到志留纪发展到最为繁盛，节肢动物一直是海洋中的主要猎食动物。纵观节肢动物演化的过程，它们的主要演化趋势是蜕壳的效率逐渐地提高，体节及附肢的分化。现生的节肢动物早在侏罗纪就出现了，今天以昆虫为代表的节肢动物的数量与种类同样超过了其他动物的总和。

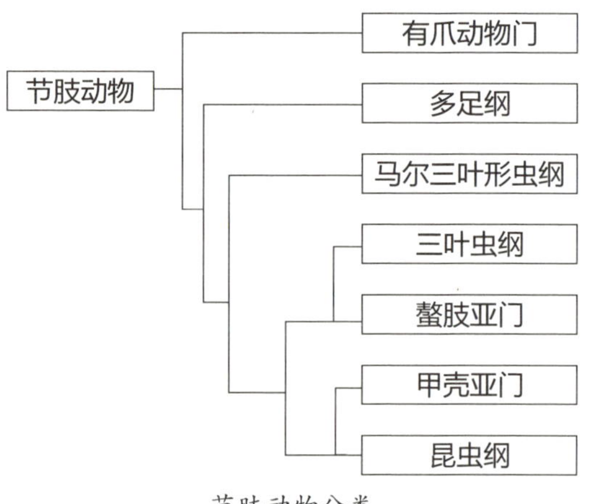

节肢动物分类

04 泥盆纪（距今4.19亿~3.59亿年）

泥盆纪是晚古生代的第一个时代。由于在这一时期的湖泊相沉积中发现了大量的淡水鱼类化石，且鱼类在这一时期出现了很多大型个体的种类，所以泥盆纪时期也被称为鱼类时代。

在志留纪末期，劳伦古陆与波罗地大陆发生了碰撞，这就造成了大量的火山运动。到了泥盆纪初期，当时大气中的二氧化碳浓度是今天的10倍以上。而高二氧化碳浓度会产生温室效应，致使全球气温升高。同时，泥盆纪时期的大陆大多位于赤道附近，这就使得在这些大陆上形成了大片的沙漠。形成的沉积岩为红色砂岩，我们称之为老红砂岩。不过二氧化碳浓度在泥盆纪早期达到巅峰后便开始一路下降。这可能是由于4.1亿年前海平面开始上升，大量陆生孢子植物出现，逐渐改善了当时的大气环境，使得氧气量持续增加。在这之后的地球历史时期中二氧化碳浓度再也没有达到过这样的高浓度。

泥盆纪时期陆地分布示意图

泥盆纪时期的主要生物

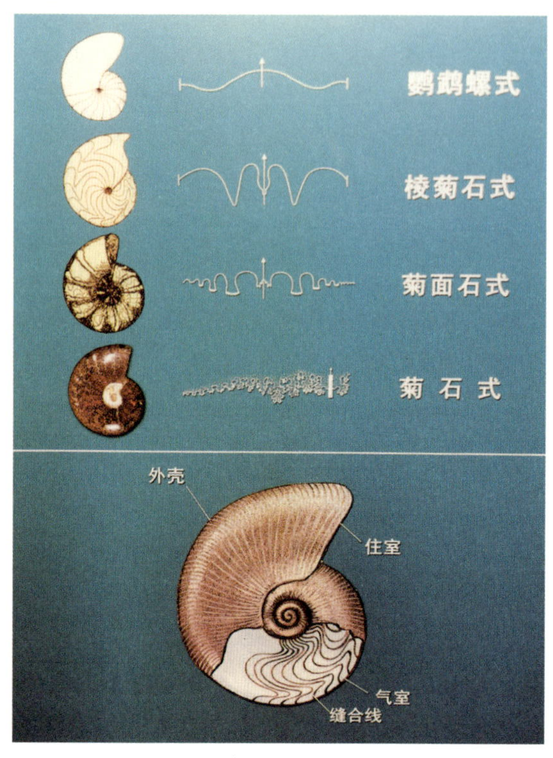

菊石缝合线

菊石类

菊石类属于软体动物的头足纲，是中生代时期非常繁盛的一类海洋生物。从菊石外壳的化石来看，它们长得很像今天的鹦鹉螺，但实际上鹦鹉螺类出现的时间要比菊石早。在菊石的外壳上有着多样的缝合线，而鹦鹉螺类的缝合线则要显得简单许多。这些缝合线赋予了菊石优秀的抗压能力，所以菊石既能够适应深水生活，又能够适应浅水生活。最初的菊石可能是由泥盆纪初期的鹦鹉螺类中的杆石目演化而来的。菊石在中生代时期开启了最繁盛的时期，它们的身体构造也开始大幅偏离鹦鹉螺类。不过菊石的辉煌时代在白垩纪末期结束了，它们与非鸟恐龙、沧龙、蛇颈龙等生物在这一时期灭绝。今天与菊石关系最密切的头足类是蛸亚纲，也就是今天我们很熟悉的章鱼和墨鱼等生物。

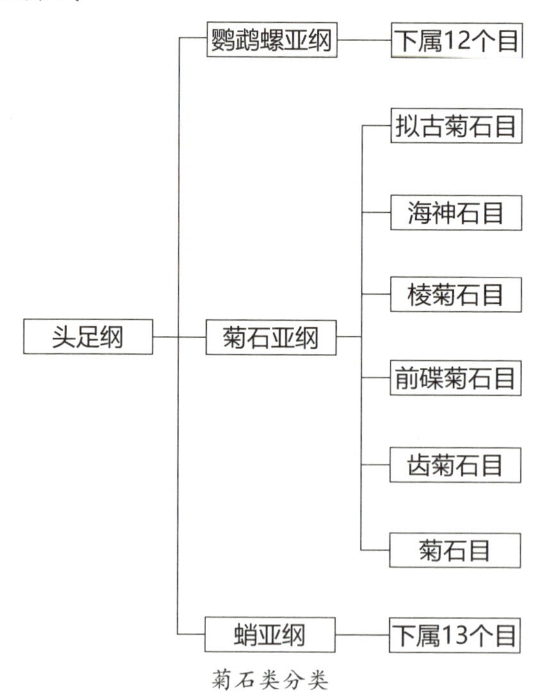

菊石类分类

泥盆纪时期的主要生物

鱼类

在泥盆纪时期无颌类依然存在，同时原始的软骨鱼类、鳍上多刺的棘鱼类、身披骨甲的盾皮鱼类、硬骨鱼类（辐鳍鱼类与肉鳍鱼类）都在泥盆纪占有一席之地。由于泥盆纪时期发现的鱼类化石丰富，所以泥盆纪被称为鱼类时代。我们并不知道鱼类是在什么时候适应了淡水的生活，但根据化石证据来看，在志留纪时期可能就已经出现淡水鱼类了，到了泥盆纪时期淡水鱼类的种类已经有数千种之多。

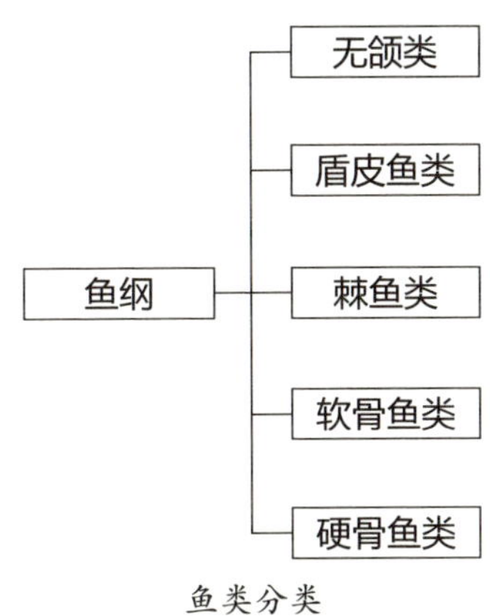

鱼类分类

鱼类的演化

鱼类在早期地球生命演化历程中，扮演着重要的角色。它们是最早的脊椎动物，并经过亿万年的演化，逐渐适应了陆地环境，演化为四足动物。包括人类在内的陆生脊椎动物都是由最早的四足动物演化而来的。鱼类最早出现在早寒武世，当时的代表鱼类为昆明鱼类，它们仅具有一条非常原始的脊椎，这之后在晚寒武世开始辐射，出现了牙形石类。早奥陶世时演化出了无颌类中的星甲鱼类与阿兰德鱼类，到了晚奥陶世时期，花鳞鱼类与甲胄鱼类较为繁盛，还出现了似鲨鱼类以及可能是最早的棘鱼类。志留纪时期是无颌类繁盛的时期，无颌类出现了大辐射，同时棘鱼类也得到了较大的发展。到了泥盆纪时期出现了更多的鱼类，盾皮鱼类中出现了7个比较重要的目，最初的鲨鱼（软骨鱼类）与后期有着重要地位的硬骨鱼类都在泥盆纪时期大辐射，并最后演化为四足动物。

关于鱼类演化的原因，古生物学家们也尝试做出了解释。从生物学角度来看，有颌鱼类的出现可能是推动鱼类演化的重要因素。颌的出现对于动物的趋势行为来说产生了巨大的影响，有颌类可以通过主动捕食来获取所需的能量。一部分鱼类的体型开始趋向于大型化，它们开始与海生节肢动物（广翅鲎类）展开激烈竞争并最终占据了主导地位。也有学者认为外部环境的变化同样影响了鱼类的演化，从中奥陶世开始，全球氧含量就不断升高直到晚泥盆世才陡然降低。也许鱼类演化的原因比我们想象中的还要复杂，需要未来更多的化石证据的发现才可能将这个问题解释得更加透彻。

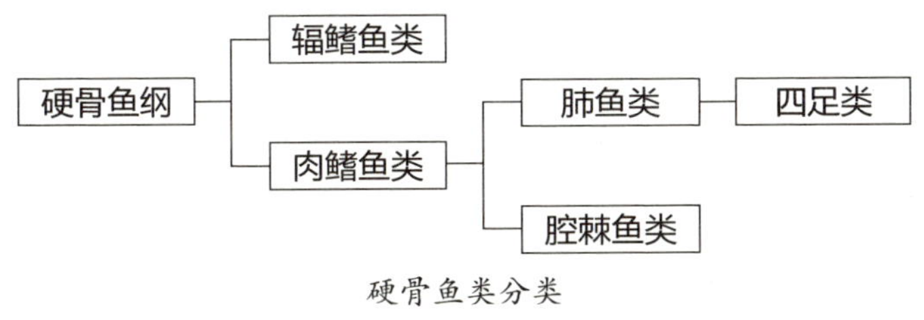

硬骨鱼类分类

泥盆纪时期的主要生物

晚泥盆世大灭绝

晚泥盆世大灭绝不同于其他大灭绝事件，这次灭绝事件过程比较缓和，持续时间长，是由一系列的小灭绝事件组成的。并且由于灭绝事件的过程长，所以导致灭绝的因素也很复杂，我们很难确定到底是哪种因素起主要作用。有部分学者认为从中泥盆世晚期开始到晚泥盆世之间的2500万年之间出现了7次连续的小灭绝事件，其中有3次较为严重，分别出现在末吉维特期（3.83亿年前）、末弗拉斯期（3.72亿年前）、末法门期（3.59亿年前）。其中末弗拉斯期灭绝事件中，60%的海洋生物灭绝，无颌类几乎全部灭绝。而末法门期灭绝不光影响了海洋生物，对于陆地生物也产生了巨大的影响，通常所说的晚泥盆世大灭绝指的其实就是末法门期灭绝事件。由于法门期是泥盆纪最末期的一个时期，处于与石炭纪交界期，这次灭绝事件使得早石炭世最初的1500万年里陆生动物化石记录缺乏，所以这段时期又被称为罗默间断（Romer's Gap）。

两栖类

两栖类可能是在泥盆纪所有生物中最耀眼的存在。在泥盆纪末期，肉鳍鱼类得到了极大的发展，它们的两对肉鳍变得极为强壮，用了大约1000万年的时间演化成了用于行走的原始四肢。在两栖类动物中，最为著名的莫过于出土于格陵兰岛的鱼石螈和棘螈。

早期两栖动物

四足动物登陆

适应陆地所遇到的问题

（1）体重与自身承重结构

生活在水中的生物由于受到浮力的作用，体重对生物的影响远小于陆生动物。它们要想适应陆地生活需要具备强大的力量来支撑身体的重量，相应地，身体的承重结构也需要做出相应的变化。

（2）运动方式

生物在水中运动的方式与在陆地上截然不同。想要演化出新的运动方式，身体结构、骨骼特征与肌肉分布都需要具备一定的条件才能够实现。

（3）呼吸方式

生活在水中的生物大多数用鳃呼吸，通过摄取水中的氧来维持生命。登上陆地后远离水源，需要演化出新的呼吸器官，直接从空气中获取生命所需要的氧气。

（4）其他

生物体要想适应陆地生活，还需要对摄食行为、感觉系统、生殖系统、水分保持等诸多方面进行考量。

脱离水源的原因

（1）经典假说

由于泥盆纪时期，陆地经常经历季节性的干旱，这就使得生活在陆地水源中的淡水鱼类面临水塘浑浊与干旱的问题。所以经典观点认为鱼类走向陆地是为了能够更好地生存而演化出来的。

（2）新假说

新假说认为经典假说是错误的。因为在四足动物演化出现前，就已经演化出了具有趾的完全功能的四肢，而生活在水中的生物为什么会需要四肢呢？这是因为在泥盆纪时期陆生植物已经十分繁荣，陆地上具有丰富的食物来源。从晚志留纪开始，陆生植物与无脊椎动物就已经开始登上陆地，这就使得其他的各类动物或早或晚都要向陆地环境进发。

生物体为登陆而演化出的特征

（1）身体支撑

鱼类的脊椎是侧向伸展和弯曲的。为了登上陆地，四足动物需要克服重力，脊椎的弯曲方向需要改变为垂直方向。同时，脊椎周围的肌肉也需要强化用来支撑身体的重量。体内的各器官也需要强化，被牢牢约束起来，保持体内各器官的位置不变，防止塌陷。

（2）运动方式的改变

四足类的四肢位置必须发生改变。四肢的结构与弯曲方向都要能够满足陆地生活的需要。四肢出现肘关节与腕关节，肱骨增长，肩关节要变得更加灵活，使得其可以前后摆动。所以肱骨需要部分指向后方，从侧面延伸出去。肘关节要形成近似的直角，四肢远端指向下方，腕关节形成铰链关节，使得手掌能够展开以支撑地面。

（3）呼吸方式

大多数的早期硬骨鱼类与四足型鱼类都具有功能性的肺，这使得它们能够在陆地上呼吸，可能与今天现生的肺鱼十分相似。

泥盆纪时期，四足动物的呼吸方式分为两种：肋呼吸与颊泵呼吸。肋呼吸是通过肋骨与肋间肌的伸缩带动肺的膨胀与收缩来进行呼吸。而颊泵呼吸是将空气吸入嘴与喉咙里，然后通过抬高口腔的底部将空气挤压入肺中。我们所有的羊膜动物都是肋呼吸，而现生的两栖类则为颊泵呼吸。

（4）其他生理改变

鱼类的侧线能够在水中发挥作用，现在许多水生四足类仍保留着侧线。视觉在陆地上的作用大于水中，所以我们可以观察到许多早期的陆生四足类眼睛比其祖先更大。由于脱离了水源，如何保持身体内的水分成了早期四足类需要解决的一大难题。它们通常都留在水源的附近，以便随时补充水分，有些类型演化出了半透水的皮肤来减少水分的流失。与现生的两栖动物相类似的生活方式，同样适用于生殖，同样将卵产在水中，并在水中经历幼体阶段。

05 早石炭世（距今 3.59 亿 ~3.31 亿年）

我们将石炭世一分为二，分别为早石炭世和晚石炭世。石炭纪时期是地球上植物非常繁盛的时期，各种生物同样十分繁盛。其中节肢动物中的昆虫与早期两栖类是石炭纪时期的主角。这两类生物展开了生存竞争。石炭纪时期最为著名的一点就是煤的形成。石炭纪是地质历史上第一次大规模的成煤期，这一时期所形成的煤无论是质量还是数量都远超其他时期。

石炭纪各大陆继续汇集在一起，形成了盘古超大陆。由于植物异常繁盛，当时的大气含氧量高达35%，而我们今天的大气含氧量为21%左右。在这一时期，植物演化出了木质素，当时植物的树干中木质素含量为20%~25%。木质素能够强化植物细胞，所以植物能够长得更为高大。由于木质素在这一时期是一种刚刚出现的物质，所以在当时的自然界中还没有建立完整的降解木质素的生化途径，所以死去的植物一般不会发生腐烂。又由于大气含氧量高，经常发生森林大火，火灾过后，树木被烧成木炭，遗留下来。这几个因素都是当时形成煤的主要因素。不过由于早石炭世植物比较矮小，所以没有形成大规模的煤层。

石炭纪时期陆地分布示意图

早石炭世时期的主要生物

节肢动物

早石炭世巨蝎的体长大概能够达到0.5米，是早石炭世中期地球上的主要掠食者。巨蝎类是节肢动物中比较早登上陆地的一类。早在志留纪时期，雷蝎（布龙度蝎子）就可能已经开始登上陆地，但由于当时植物还没有深入陆地，所以活动范围有限。并且由于身体结构难以支撑体重，且蜕壳还需要返回水中，所以雷蝎可能只在必要时才会登上陆地。而到了石炭纪早期，巨蝎类中的肺蝎则已经能够在陆地上生活。

其他的节肢动物也都出现了陆生的种类。节肢动物具有外骨骼，相对于脊椎动物来说，外骨骼能够更有效地保存水分。但外骨骼限制了内脏的发展，所以它们的身体布满气管，依靠身体侧面的呼吸孔进行气体交换。所以在高浓度氧气的环境下，节肢动物的呼吸系统比具有肺的动物更具优势。但受限于外骨骼，所以体型的增长受到了限制。到了早石炭世末期，以巨蝎为代表的大型节肢动物逐渐被其他动物所取代，逐渐演化成了小型的夜行性生物，就像今天的蝎子一样。

两栖动物

两栖动物在泥盆纪出现后，在早石炭世迎来了大发展。虽然它们还必须生活在水源附近，但身体的结构更加适应陆地生活。且早石炭世海平面持续升高，淹没了陆地上的低洼地带，形成了很多适宜的栖息地。再加上气候温暖潮湿，使得两栖动物在陆地上繁衍下来，并最终演化为最早的爬行动物。

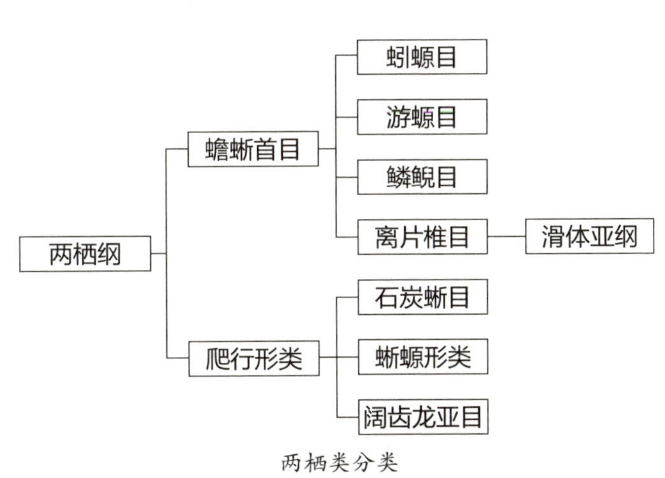

两栖类分类

离片椎类

离片椎类是石炭纪时期主要的两栖类，在三叠纪最为繁盛，白垩纪早期开始大量衰减。离片椎类在石炭纪早期出现，经历了二叠纪、三叠纪依然繁盛，不过在侏罗纪灭绝事件中遭到了重创，开始大幅衰落。整个离片椎类在地球上生存了1.5亿年，演化出了200多个属，300多个种。可以说离片椎类是脊椎动物中非常成功的一类，可惜它的光芒被后期的恐龙所掩盖，所以离片椎类鲜有人知。

06 晚石炭世（距今 3.15 亿 ~2.99 亿年）

晚石炭纪对于人类来说是最为重要的一个时期，因为这一时期的地层中富含煤炭与铁矿资源。在人类的科技与文明发展历史中，这两种资源起到了关键作用，它们推动了工业革命。同时，为了发现更多的矿物，使得地质学家们获得了当时社会上的巨大支持。地质学家们能够更多地探索地层，进而推动了地质学、地层学等学科的发展。古生物学作为地质学的分支学科同样得到了巨大的发展，使人们认识到了更多的原始生物，从而对史前地球产生了浓厚的兴趣。

早石炭世海平面持续上升，但到了晚石炭世，海平面开始有明显的下降。虽然相较于其他时期，晚石炭世海平面处于中位，但波动剧烈。海退使得土壤富含矿物质，北半球气候温暖，所以动植物得到了极大发展。

早石炭世各大陆彼此相连，形成盘古超大陆，因为超大陆非常辽阔，所以中心地带非常干旱。相对于环境较好的北方的劳伦古陆，南方的冈瓦纳古陆这时正处于南半球，且南极点位于大陆中心，形成了巨大的南极冰盖，冰盖的范围之广一直延伸到了南纬30度左右。这个巨大的冰盖直到二叠纪才慢慢消失。

晚石炭世植物化石上缺少我们今天熟悉的年轮结构，这可能是因为这一时期的气候缺少季节性变化所造成的。世界各地的煤层厚度能够在一定程度上反映当时沼泽森林的茂盛程度。据估算，大约10米厚的植物残骸可以形成1米厚的煤层，而10米厚的植物残骸需要大概7000年的时间才能够形成。除大量的煤以外，石炭世还形成了大量的石油。

晚石炭世时期的植物

石炭纪时期的孢子植物十分繁盛，尤其是蕨类植物。在石炭纪时期，形成了很多大面积的沼泽森林，许多动物栖息其中。

石松：石炭纪时期，石松的茎干呈二分枝形态，树干的直径可达3米。

鳞木：是一种高大的树状蕨类植物，最高可达40米。生长在温暖潮湿的沼泽地带，是石炭纪森林的重要组成部分。叶柄脱落的痕迹在树干上呈菱形排布。

封印木：与鳞木相似，都是高大的树状蕨类植物，生长可达30米。同样生长在温暖潮湿的沼泽中，叶柄脱落的痕迹与鳞木不同，印痕沿着树干纵向排列。

芦木：同样是石炭纪森林的主要植物之一，一般可生长到10米，个别个体可以生长得极高，是现在木贼的祖先。特点是在茎上具有环状的节，就像今天竹子上的节一样。

科达树：是今天银杏与松柏类植物的祖先，个体十分高大，生长在高地处。

晚石炭世时期的动物

蜘蛛、蝎子等节肢动物：节肢动物从寒武纪起便占据了生态系统中的大多数生态位，直到泥盆纪鱼类大辐射时，其优势地位受到了挑战，在泥盆纪晚期逐渐小型化。石炭纪时期的蜘蛛与蝎子等节肢动物从外形上与现生的种类基本相同，只不过体型要大上不少。同时代还存在着巨型马陆这样的大型节肢动物，但也只是昙花一现，在脊椎动物的竞争下迅速退出了历史的舞台。

晚石炭世时期的动物

巨脉蜻蜓：石炭纪节肢动物虽然退下王位，但其中的昆虫在石炭纪极为繁盛，受到大气中含氧量高的影响，石炭纪时期的昆虫体型都异常庞大，其中最著名的就是巨脉蜻蜓，其翼展可达70厘米，体长1.5~2米，相当于今天的大型鹦鹉。并且昆虫首先演化出了飞行的能力，在这一时代统治了天空。由于昆虫及其他巨型节肢动物在这一时代极为耀眼，所以石炭纪也被称为巨虫时代。不过以两栖类为代表的脊椎动物在这一时期发展极为迅速，昆虫最终与其他巨型节肢动物一同走上了个体小型化的道路，通过庞大的种群数量生存在地球上直至今天。

晚石炭世时期的动物

两栖动物：晚石炭世的两栖动物体型继续大型化，这一时期的两栖类大多体长可达2米左右，与今天的鳄鱼差不多大。除此之外，两栖动物更加适应陆地上的生活，逐渐演化出了原始的爬行形类——并锥目，并最终演化为最早的羊膜动物。

林蜥：最早的爬行动物之一，体型小巧，行动灵活。林蜥最早出现在晚石炭世，也就是说最早的爬行动物在晚石炭世就出现了，随之而来的时代是爬行动物的时代。

07 二叠纪（距今 2.99 亿 ~2.52 亿年）

二叠纪是古生代最后一个时期，同时也是造山运动与火山活动十分活跃的一个时期。二叠纪的名字来源于俄国伏尔加河到乌拉尔山地区的一个工业城市“perm”。二叠系地层分为上下两统：下二叠统和上二叠统。其中下二叠统的地层远远厚于上二叠统。而二叠两个字，在中文中也有两分的意思。

二叠纪时期，各大陆仍然连接在一起，由于盘古超大陆规模极其巨大，所以潮湿的空气难以进入大陆的内部，且中心地区海拔高、气候干燥。沿海地区降水量丰富，因此二叠纪时期植被大多分布在沿海地区。同时，在南方的冈瓦纳大陆上的巨大冰盖在二叠纪逐渐融化，在二叠纪末期完全消失。

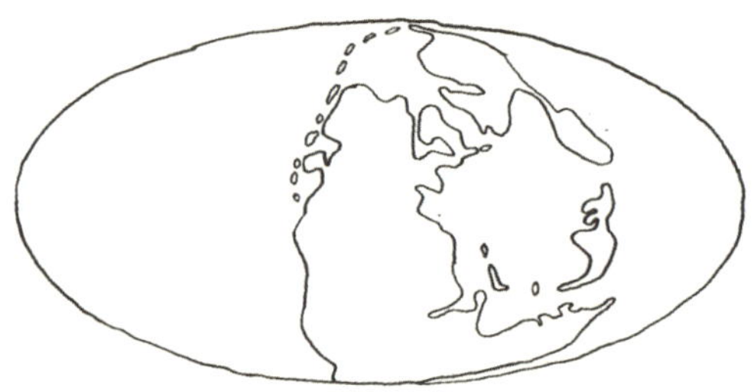

二叠纪时期陆地分布示意图

二叠纪生态

二叠纪时期的主要动物

两栖类

由于石炭纪末期气候巨变，原本遍布全球的潮湿沼泽地带消失，沼泽森林也相继消失，取而代之的是干旱的环境，这对极度依赖水源的两栖类来说是一个致命的打击，许多原始的两栖动物都灭绝了，如并锥目、游螈目、小鲵目等在早二叠世都灭绝了。仅有少量生活在为数不多的湿润地带，并且皮肤开始出现角质化的种类得以适应干旱。

羊膜动物

在石炭纪末期，两栖动物演化成为羊膜动物。现生的羊膜动物包括所有的现生哺乳动物、鸟类，以及爬行动物。

身体骨骼结构的改变

（1）脊椎骨由线轴状的侧椎体组成，每个侧椎体之间是新月形的间椎体。

（2）脊椎的前两节（寰椎与枢椎）变化巨大，这是为了与头骨的枕骨踝关节相连。

（3）脊椎分为荐前椎（颈椎＋背椎）、荐椎、荐后椎（尾椎）。

（4）胫跗骨、间跗骨、中央跗骨愈合为一个大的距骨，腓跗骨很大，被称为跟骨。

（5）出现腹膜肋。

卵的改变——封闭式的卵

羊膜动物的卵具有一个半透性的壳，通常是钙质的。但在蛇类、一些蜥蜴类以及一些龟鳖类中则是皮质的。这个外壳可以允许氧气与二氧化碳的进出，但能锁住水分。这就使得羊膜动物的卵就像一个私人的池塘一样，使羊膜动物的生殖对于水的依赖大大降低了。

羊膜动物外配胎膜结构

绒毛膜	羊膜	尿膜
包裹着胚胎与卵黄	包裹着水，并使整个胚胎处于水中	形成一个囊，参与呼吸并储存代谢废物

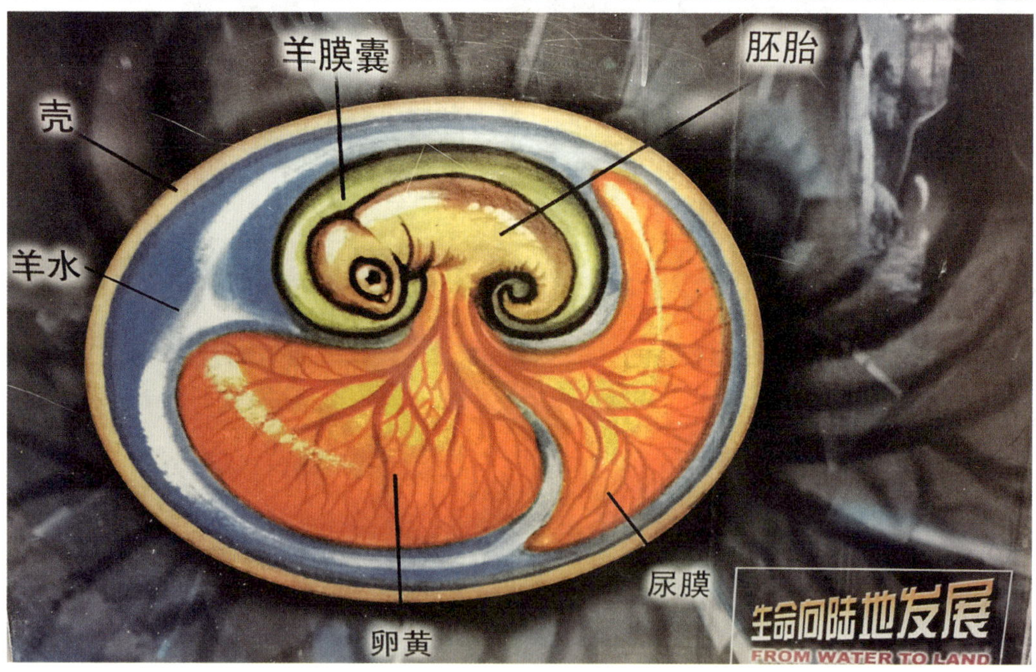

羊膜卵结构

二叠纪时期的主要动物

头骨类型

(1)无孔型：没有颞孔的羊膜动物（现生的龟鳖目为无孔型头骨，但有学者认为龟鳖目是两个颞孔都闭合的双孔型）。

（2）下孔型：颞孔位于头骨的中间位置。

（3）双孔型：具有两个颞孔。

（4）调孔型：只有一个颞孔，但位置位于头骨偏上处（有学者认为调孔型是下颞孔闭合的双孔型，所以最近的文献中不再使用调孔型这个术语）。

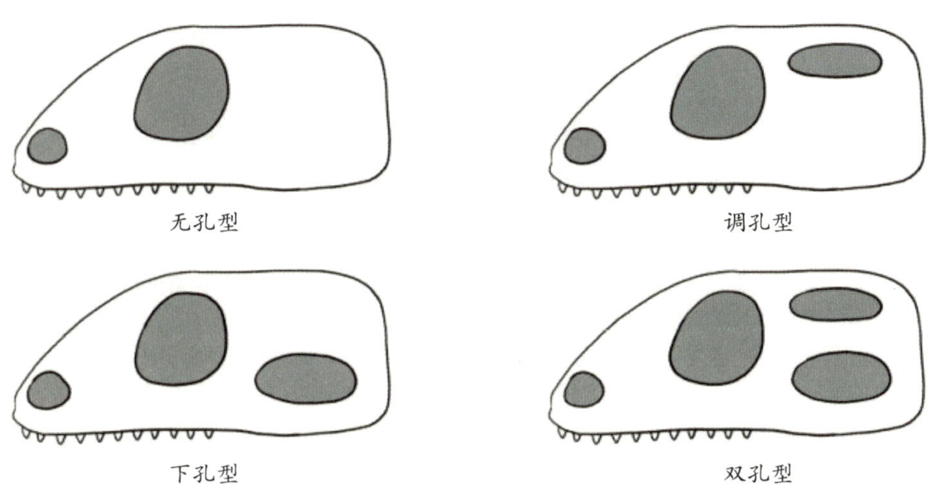

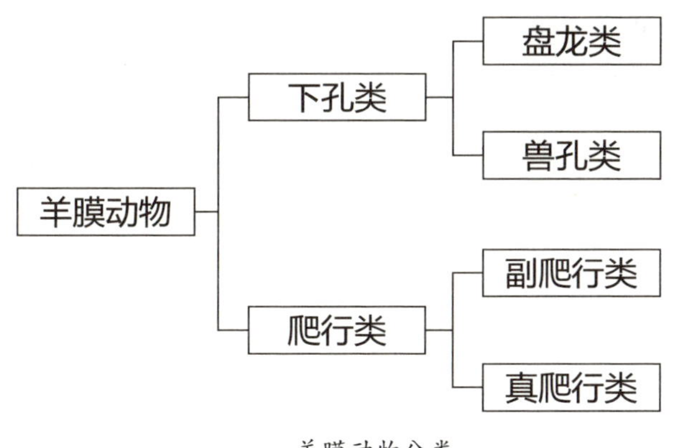

羊膜动物分类

副爬行类

中龙科：中龙科生物最早出现在早二叠世，是我们熟知的最早的水生羊膜动物。魏格纳曾用中龙科生物化石作为证据来支持冈瓦纳大陆存在的假说。水生的中龙科生物可能在水中胎生，以此来保护胚胎的早期发育。

米勒古蜥科：化石发现于南非地区，是生活在晚二叠世的生物，生活方式与今天的蜥蜴较为相似。

波罗古蜥科：化石发现于北美洲以及欧洲的早二叠世地层和俄罗斯的中二叠世地层。这类生物具有爬行动物中非常罕见的异型齿。其中出土于德国早二叠世的真双足蜥属是已知的最早的用两足行走的四足类。

前棱蜥科：起源于晚二叠世，直至三叠纪末灭绝，在地球上存活了近5000万年。前棱蜥科是一类植食性生物，在它们的方轭骨上增生出一个角状结构，可能是用来防御或者恐吓天敌的，也有学者推测有可能是用来挖掘的。

锯龙型目：分为夜守龙类和锯龙类。

夜守龙类：化石出土于俄罗斯中、晚二叠世地层，主要取食小型脊椎动物与昆虫。北美洲与南非也有化石出土。

锯龙类：生活在晚二叠世的一类大型副爬行动物。主要分布在俄罗斯与南非。中国、尼日尔、巴西、苏格兰等地也有发现。锯龙类是晚二叠世生态系统中的关键角色，以植物为食，在二叠纪生物大灭绝中消失。

真爬行类

大鼻龙科：化石分布于北美洲早二叠世与晚二叠世地层、非洲及欧亚大陆的晚二叠世地层中。它们具有一个类似心形的头骨，头骨十分厚重且具有表面雕饰。最主要的特点是它们的齿列中牙齿短粗且呈纵向多列排布，在颌骨化石上可以看到5~6排牙齿。

古窗龙属与林蜥属：化石发现于北美洲和捷克斯洛伐克的晚石炭世及早二叠世地层。推测它们以昆虫为食，可能在生态行为上与今天的蜥蜴很像。

纤肢龙属：通过捕食昆虫和小型动物为生，化石发现于北美洲早二叠世地层。

其他二叠世双孔类：韦格替蜥类、原龙属、杨氏蜥等。

二叠纪下孔类主要类群

早二叠世下孔类

蛇齿龙科：生活在晚石炭世至早二叠世，其中最早的代表是始祖单弓兽。蛇齿龙科生物可能会捕食昆虫、鱼类以及小型的四足类。

蛇代龙类：化石发现于北美洲晚石炭世和早二叠世地层，在俄罗斯与南非也有发现。

始蜥龙属：化石发现于得克萨斯早二叠世地层。

卡色龙类：化石在北美洲及俄罗斯、意大利、法国的早、中二叠世地层，是一类植食性的盘龙类。它们的鼻孔大幅度增大，并且在顶骨上有一开孔（松果孔）。

盘龙类

帆背下孔类

帆背下孔类是一类背后有着巨大帆型结构的下孔类生物。关于背帆的作用尚有争议，推测功能是用来调节体温的，也就是说背帆下孔类是变温动物。不过由于同时代大多数的动物都没有背帆也很好地存活下来了，所以也有学者对上述观点表示反对。

它们又可以分为两类，即密齿龙类和楔齿龙类。

密齿龙类：化石出土于美国新墨西哥和得克萨斯晚石炭世与早二叠世地层。从牙齿特征上推测可能主要以植物为食。

楔齿龙类：化石出土于北美洲和欧洲晚石炭世与早二叠世地层，牙齿特征表现为食肉类生物。

帆背下孔类

兽孔类

巴莫鳄亚目：一类原始的兽孔类，其中出土于美国得克萨斯早二叠世地层的四角兽可能是最早的兽孔类。兽孔类有一些其他原始下孔类所没有的特征：兽孔类的颞孔变得更大，上颞骨消失，隅骨外侧有个带有凹坑的结构，颌关节前置，腭板齿退化，肩带和腰带连接以及后肢都发生了改变。巴莫鳄亚目的枕骨向后方倾斜而不是向前倾斜，它们可能是一类小型的食肉动物。

恐头兽亚目：主要产于俄罗斯和南非的中二叠世地层中，中国和巴西也偶有发现。其中既有以植物为食的植食性支系，也有肉食性支系。恐头兽亚目在中二叠世消灭，被恐面兽类与二齿兽类所取代。肉食类型代表生物为安帝欧兽类，植食类型代表生物为貘头兽科和麝足兽。

异齿兽亚目：原始的异齿兽亚目化石在俄罗斯、南非、巴西、中国的中二叠世及晚二叠世早期地层中被发现。包含多个种类，其中二齿兽类是其主要支系。

苏米尼兽：擅长爬树的类型。

提牙甲兽：具有很长的獠牙，以植物为食，类似于现生的麂类。

双齿兽：善于挖掘的类型。

异齿兽亚目中的二齿兽类虽然在二叠纪时期较为繁盛，但在二叠纪末大灭绝中遭到了重创，几乎全部灭绝，只有少数幸存下来并在三叠纪早期再次辐射。比如我们熟悉的肯氏兽。

恐面兽科：晚二叠世主要的肉食类型生物，在南非、俄罗斯以及中国都有化石发现。它们以其他生物为食，有一些大型种类会捕食大型的恐头兽类与二齿兽类，如熊颌兽。

兽孔类

二叠纪下孔类主要类群

兽头亚目：生活在中二叠世，在中三叠世早期也有分布。它们当中绝大部分都是肉食类型生物，如兽颌兽属。也有一些类群以植物为食，如包氏兽。

犬齿兽亚目：起源于二叠纪末期，在二叠纪大灭绝中幸存了下来，并在三叠纪辐射，其后代与恐龙生活在同一时期，并最终演化为哺乳动物。

二叠纪末大灭绝

在地球生命演化的历程中，经历了6次生物大灭绝，其中最为严重的一次便是二叠纪末生物大灭绝。在这次灭绝事件中，地球上80%~90%的生物永远地消失了，四足类动物更是遭到了近乎毁灭性的打击。我们之前说到的各类生物几乎都在这次事件中消失，仅有少数类群中的一两个种存活了下来，延续到了三叠纪。

长时间的大灭绝事件

这次灭绝事件之所以如此严重，除环境的剧烈变化外，持续时间长也是重要影响因素之一。从化石及地质学证据来看，二叠纪生物大灭绝从2.52亿年前开始，持续了将近18万年。从二叠纪最晚期到三叠纪早期都属于这次的灭绝事件。这次的灭绝事件大概分为两个阶段。

第一阶段，也就是二叠纪最晚期。在这一阶段大约灭绝了57%的种，主要波及海洋生物，甚至很多深海类群遭到灭绝，包括藻类、皱纹珊瑚和蜓类。

第二阶段，发生在三叠纪早期。在这一阶段，所有的生物类型都遭到了打击，在第一阶段中幸存下来的生物中，有71%没能熬过第二阶段。

灭绝原因

目前认为，二叠纪末的灭绝事件的主要原因有两个：西伯利亚火山运动与海平面的下降。由于二叠纪时期，大陆持续聚集，形成了盘古超大陆，在二叠纪末期，西伯利亚大陆与北方的劳伦古陆相连接，导致了西伯利亚大陆大量的火山喷发。剧烈的火山运动会喷发出大量的二氧化碳、二氧化硫、三氧化硫、硫化氢等有害气体。其中硫化物溶于雨水中就形成了大规模的酸雨，对地表的植被造成严重破坏。大量植被的消失，使得二氧化碳的循环出现失衡，海洋中海水酸化，这对海生无脊椎动物而言是致命性的打击。

盘古大陆的聚合，使得原本高位的海平面出现了明显的下降。原本是浅海的环境完全裸露了出来，使得浅海生物群消失。同时，在早期形成的浅海煤层再次暴露在空气中，开始释放存储在其中的二氧化碳，高浓度的二氧化碳造成温室效应，使得全球气温升高。海平面的改变，还使得气候发生异常，持续波动，造成了二叠纪时期全球性的干旱，导致大量陆生生物死亡。

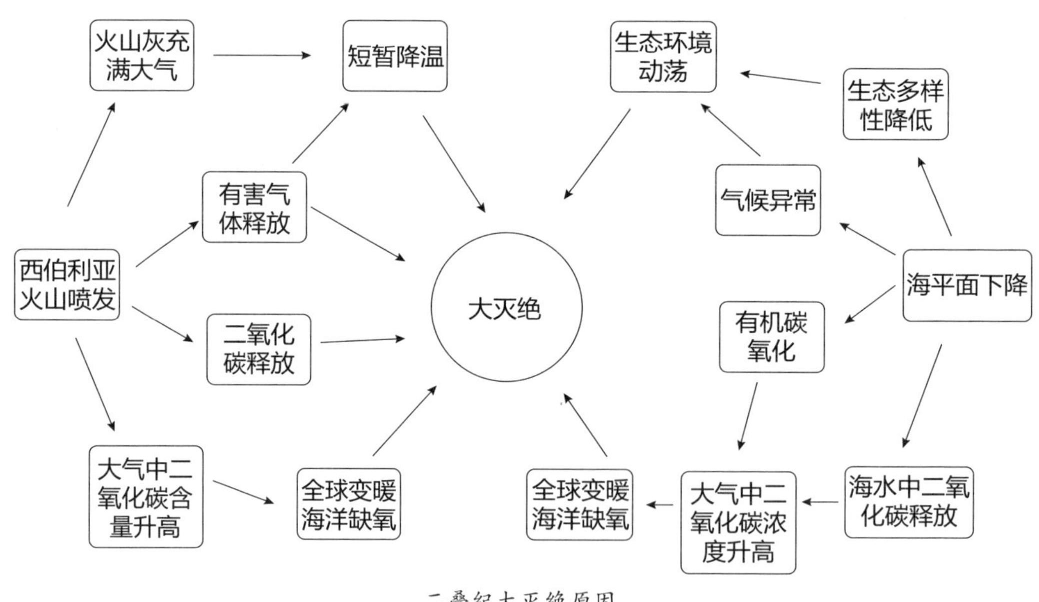

二叠纪大灭绝原因

中生代（距今 2.52 亿至 6600 万年）

01 三叠纪（距今 2.52 亿 ~2.01 亿年）

在经历了二叠纪大灭绝之后，地质历史便来到了中生代时期。三叠纪是中生代的第一个时代。这个时代是爬行动物的时代，它们几乎占据了这个时代所有的生态位。而哺乳动物只能作为爬行动物的陪衬，在这个时代谨小慎微地于一些生态空隙中生存。

三叠纪的名字来源于欧洲地区非常明显的三层岩层（本特砂岩、壳灰岩、考依波泥灰岩）。由于二叠纪大灭绝的影响延续至三叠纪早期，三叠纪时期全球炎热干燥，所有的大陆都聚合在盘古超大陆，所以内陆严重干旱。海平面仍处于低位，但随着时间的推移开始缓慢上升。在二叠纪大灭绝中幸存的生物因为大量生态位的空缺，迎来了生存的红利，其中菊石动物快速演化，成为三叠纪早期最先复苏的生物，爬行动物中的一些种类依靠菊石类的快速繁衍，再次返回海洋，演化为海生爬行动物。

到了三叠纪中期，主龙类得到了发展，各种爬行动物繁盛，其中就有恐龙的祖先。似哺乳爬行动物中的二齿兽类与犬齿兽类在三叠纪再次繁盛，尤其是二齿兽类一度成为主要的植食性物种。似哺乳爬行动物在三叠纪末期演化为最早的哺乳动物，同时恐龙也开始逐渐走上时代的舞台。

三叠纪时期，同样出现了多样的生物，尤其是三叠纪末期的卡尼期洪积事件，更是短暂改善了全球生态环境，使得植物与昆虫繁盛，这就为小型生物的繁盛打下了坚实的基础，最早的恐龙类、哺乳类、翼龙类等都是受益者。

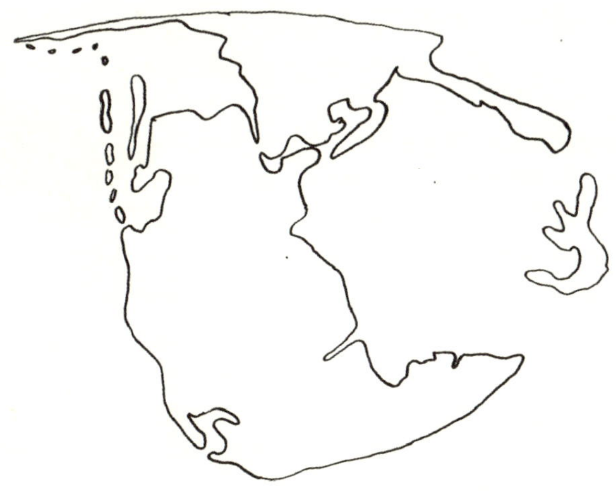

三叠纪时期陆地分布示意图

楯齿龙目

化石主要发现于中欧、地中海地区以及我国的华南地区中三叠世地层中，化石储量非常丰富。楯齿龙目在三叠纪末期消失。这类生物的四肢还没有完全演化为桨状，并且尾巴也没有出现水生类群的扁状形态。楯齿龙类的头骨特征明显，在前颌骨的两侧各有3个匙状门齿，上颌骨两侧各有4个大牙。最明显的一点是在它的腭骨上还存有宽阔扁平的腭骨齿。这些腭骨齿可能是为了捕食软体动物，楯齿龙类可以将食物从浅海的岩石上撬下来，然后用厚重结实的腭骨齿将坚硬的外壳碾碎，吃到里面柔软的部分。

楯齿龙类

始鳍龙目

始鳍龙目又分为两类：肿肋龙亚目和幻龙亚目。其中肿肋龙亚目的成员，头骨很小且比较修长，有着长脖子和长尾巴，它们具有桨状的四肢，肢带则严重退化，这些都是对于水生环境的高度适应。我们常见的贵州龙就属于肿肋龙亚目。幻龙亚目与肿肋龙亚目身体结构十分相似，其中一些种类个体较大，头骨也较大，并且有一个更大的颞孔。

鳍龙类化石

鱼龙目

鱼龙目可以说是我们比较熟悉的中生代时期海生爬行动物。三叠纪早期的我国华南地区，相对于同时期其他地区来说可称为“世外桃源”，这时的华南地区还属于群岛，所以降水量充裕，再加上纬度适宜，所以便成了菊石类的乐园，最早的鱼龙类便出现在这里。之后鱼龙目就成为三叠纪时期最成功的海生爬行动物，并在后期演化出了很多大型的品种。

鱼龙类

三叠纪时期海生爬行动物

海龙类

海龙类仅生活在中三叠世与晚三叠世早期。它们的身体就像神话传说中的海龙，体型庞大，能长到1~4米，尾巴宽大且侧扁，四肢退化靠在身体两侧。海龙类是当时海洋中的顶级猎食者之一，它的化石在我国贵州的关岭动物群中保存得十分完好，世界闻名。

主龙型类

主龙型类可以说是三叠纪时期最成功的爬行动物，它们的后代中包括已经灭绝的主龙类、翼龙类、恐龙类以及现生的鳄类、鸟类。其中在中生代时期最著名的就是恐龙类。

三棱龙属：化石分布于美国西南部，仅见于三叠纪晚期地层。这类生物的头骨十分笨重。属于双孔型头骨，下颞孔最开始存在，后来逐渐闭合。

喙龙类：化石在许多三叠纪时期的动物群中都有发现。头骨的背侧宽度大于头骨的长度。

原龙类：最早的化石发现于二叠纪晚期，在三叠纪时期开始辐射。它们的特征是有一个很长的脖子。其中在我国发现的长颈龙的脖子尤其长。它们的脖子几乎是身体的两倍，但是脖子的柔韧性不高，颈椎上存有颈肋，这个长脖子的功能目前还没有可靠的说法。从牙齿上来看，可能是一类捕食鱼类与头足类的肉食性生物。

主龙形类

要注意从名字上与主龙型类加以区分。属于主龙型类的下级分类，其下属的各类生物经常与恐龙类混淆。

古鳄类：古鳄类属于原始的主龙形类，四肢短小，十分适应爬行姿态。拥有主龙形类四个标志性特征：具有眶前孔、骨化的侧蝶骨、下颌侧孔以及前后都带有锯齿的扁平牙齿。

赤鳄类：同样具备典型的主龙形类特征。髂骨为三尖型，带有伸长的前髋臼突。后肢的跖骨3长于跖骨4。这些特征多见于赤鳄类及较晚期的主龙类（原鳄类除外）。

原鳄类：化石仅见于南美洲中、晚三叠世地层。具有膜质骨板，这是后来主龙形类的特征。

真派克鳄类：化石见于南非中三叠世早期。根据它的腰带骨结构推测可能既能四足行走也能两足行走。股骨呈“S”形，具有第四转子。曾一度被认为是恐龙的祖先，目前认为它的分类位置与鳄类与鸟类的共同祖先十分接近。

镶嵌踝类及鸟跖类：是主龙类中最主要的两个类群。

派克鳄

镶嵌踝类

镶嵌踝类：中、晚三叠世主要的主龙类（也有学者称为伪鳄类）。

植蜥类： 植蜥类是基位的镶嵌踝类，化石主要见于德国和北美洲的晚三叠世地层中。也有文献中翻译为植龙类。最早发现化石的同时还发现了植物的碎屑化石，因此被认为是植食性生物，取名植蜥类，后经过详细鉴定，认为其为肉食性。外形与今天的鳄鱼十分相似。

鸟鳄类： 鸟鳄类化石发现于苏格兰和南美洲的晚三叠世地层。它们的体型纤细，后肢较长，看起来和恐龙相似，但骨骼解剖特征有所不同。鸟鳄类的前颌骨向下翻，前颌骨与上颌骨的牙齿之间有着很大的齿隙。眼眶有一个尖锐的“V”形深沟。跟骨上具有一个突起嵌入距骨的凹槽内，而其他的镶嵌踝类距骨上具有突起，跟骨上具有凹槽。

坚蜥类（坚蜥亚目或锹鳞龙科）： 坚蜥类是最早的植食性主龙，在晚三叠世时几乎遍布全球。其鼻吻部比较钝，并且上翘，可能是用来挖掘土壤中的块状根茎类食物的。身体上具有骨质盔甲，推测是用来防御劳氏鳄类的攻击。

劳氏鳄类： 劳氏鳄类是晚三叠世主要的肉食动物，体型大多为中大型。一部分劳氏鳄类用四足行走，但个别种类可以两足行走，且不同于恐龙的直立行走。其中波斯特鳄属于当时地球上的顶级掠食者，头骨的外形看起来与兽脚类恐龙高度相似。

劳氏鳄类还可分为以下4个科：劳氏鳄科、波波龙超科、梳棘龙科、苏牟龙科。

02 侏罗纪（距今2.01亿至1.45亿年）

侏罗纪名字来源于瑞士北部的侏罗山。侏罗纪地层含有丰富的海洋生物化石（尤其以菊石为主）。侏罗纪时期是中生代的第二个时期，同时也是恐龙快速发展的时期。侏罗纪时期各大陆已经开始彼此分散，但仍有部分陆地连接在一起。所以恐龙能够迅速地遍布全球。这一时期，全球的气候温暖，陆地与海洋生物都得到了大发展，植物中裸子植物大辐射。现生的两栖类、硬骨鱼类及鸟类的最早期代表都在这一时期出现。

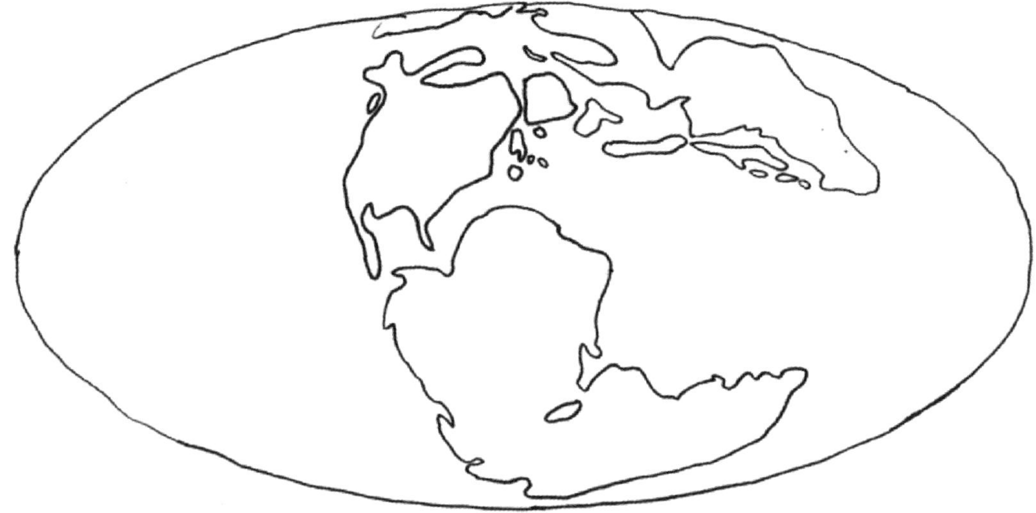

侏罗纪时期陆地分布示意图

侏罗纪时期的主要生物

侏罗纪时期恐龙已经占据了主要生态位，但其他生物依然繁盛。海生爬行动物进一步发展，蛇颈龙类与鱼龙类展开了竞争，翼龙类占据了天空。海生鳄类、鱼类及无脊椎动物在它们的光芒下成为这个时代的配角。由于三叠纪末期镶嵌踝类遭到重创，鸟跖类主龙得到了大发展，其中翼龙类更是统治了中生代的天空。

侏罗纪时期的主要生物

翼龙类

翼龙类目前已经发现了140个种类。它们起源于三叠纪，在侏罗纪时期主要是小型的食鱼型生物，而到了白垩纪时期已经演化出了许多大型的类群，适应了中生代的各种生态角色。

真双型齿翼龙：真双型齿翼龙化石出土于意大利北部晚三叠世地层，是目前已知的最早的翼龙。它的身体很短，臀部骨骼小型化且开始愈合，后肢上具有5个较长的趾骨。长脖子继承自鸟跖类主龙，相对体型来说，头骨比例较大，且上下颌骨上布满了尖尖的牙齿。前肢发达，手上有3个短小的带有爪的抓握指，第四指极度拉长用来支撑翼膜。

翼龙类在侏罗纪以及白垩纪开始多样化，演化出了许多种类。按照骨骼特征分为喙嘴翼龙亚目和翼手龙亚目区别两类。

喙嘴翼龙亚目：原始的翼龙类支系经常被划分在其中，主要的鉴定特征是具有较长的尾巴。

翼手龙亚目：翼手龙亚目具有众多支系，多样化程度最高，起源于中、晚侏罗世，在白垩纪大辐射，主要通过头骨特征来区分。

按照食性可以分为以下几类

食鱼型：喙嘴翼龙、蝙蝠龙、翼手龙、鸟掌龙等

食虫型：双齿翼龙

滤食型：梳颌翼龙、南翼龙等

食硬壳生物型：准葛尔翼龙

翼龙的飞行：

1.翼膜：从第四指开始一直延伸到股骨，主要由大约1毫米厚的放射状纤维构成。

2.振翅方式：翼龙类拍打翅膀是主要是向下前方向，收回翅膀时向后上方向，侧面观察运动轨迹呈“∞”形。

3.飞行效率：翼龙类飞行速度较慢，但效率高，借助气流适合低速飞行。

4.翼龙不能像小型鸟类一样对抗强风和风暴，因为它们中空骨骼强度低，有折断的风险。

5.翼龙类的臀部骨骼彼此愈合来加强骨盆与荐椎的强度，用来承受降落时产生的冲击力。

6.翼龙的眼眶很大，所以眼球发达。这与鸟类的结构类似，脑区的视觉神经区域与平衡区域应该较为发达。

翼龙的行走：

1.骨盆底部完全开放，后肢方向指向两侧，以爬行姿势行走，看

起来比较笨拙。

2.后肢不能呈直立行走姿态，所以不太可能两足行走，可能是利用前肢辅助进行四足行走。

3.行走时前肢放在身体前方两侧，而后肢相对位于身体后部中间。

03 白垩纪（距今 1.45 亿年至 6600 万年）

白垩纪时期盘古大陆基本上完全分裂开来，各大陆的形状也与现在的大陆形状相似。尤其是到了白垩纪末期，各大陆基本上来到了现代大陆的位置。由于大陆之间的分离，各大陆之间的联系基本上完全中断，只有个别地区通过大陆桥或岛链有一定的交流。海平面升高，形成了大规模的石灰岩和白垩，因此而得名。白垩纪时期温度仍然较高，赤道地区与南北极温度差别没有今天这么大。海水底部水温高，所以垂直对流微弱，阻碍了沉积下来的有机物质的分解，进而形成石油矿藏。根据目前勘探到的石油矿藏来看，我们现在所使用的50%的石油都是在白垩纪形成的。

白垩纪时期陆地分布示意图

白垩纪时期的主要生物

白垩纪时期恐龙的种群数量与种类多样性基本上与侏罗纪持平。但由于经历了侏罗纪末灭绝事件的打击，很多侏罗纪繁盛的恐龙类群遭到了重创。但灭绝所造成的生态位空缺迅速被新生的类群所顶替。除此之外，翼龙类与早期鸟类开始争夺天空的控制权，鱼龙类开始衰落，演化为适应深海环境的高度鱼形化生物，并最终在白垩纪晚期灭绝。鳍龙类与上龙类称霸白垩纪时期的海洋，由于这一时期海洋掠食动物中出现了相当多的顶级掠食者，所以也有人戏称白垩纪时期的海洋为“地狱水族馆”。

白垩纪时期的主要生物

鱼龙类

鱼龙类的祖先最早在大约2.5亿年前的三叠纪早期出现，侏罗纪时期辐射，侏罗纪晚期开始衰落，并在白垩纪晚期（大约9000万年前）灭绝。二叠纪末期大灭绝事件对所有的生物都造成了重创，甚至影响到了三叠纪早期。而在三叠纪早期，在我国湖北、安徽、江西这些地方还是海洋上的群岛，由于位于赤道附近，温暖的海水使得这里的环境得天独厚，海洋当中的浮游生物迅速地繁衍起来，这就使得以菊石类为代表的中型海生软体动物从这次大灭绝当中率先复苏，并迅速繁衍生息。在这时，附近群岛上一类半水生的爬行动物刚好生活在附近，这就是鱼龙类的祖先。

由于食物丰富，这类动物迅速地发展壮大起来，随着种群的扩大，慢慢地群岛附近海域中的菊石不够它们吃了，这时鱼龙的祖先开始向外扩张，演化出了捕食小型菊石和鱼类的敏捷类型——柔腕短吻龙。四肢演化成了鳍状肢，这表明它们应该长时间生活在水中。之后我们又在安徽的巢湖发现了巢湖鱼龙。巢湖鱼龙看起来与鱼类更为接近，纺锤形的身体与类似鱼类尾鳍的尾巴表明它们已经非常适应水中的生活。而在日本发现的歌津鱼龙与巢湖鱼龙生活的时代很近，这表明这类生物已经开始征服大海，向着更广阔的世界进发。不过我们之前介绍的这些生物还不属于严格意义上的鱼龙类，古生物学家将它们称为鱼龙形类。

由于占据了整个海洋，鱼龙类大辐射，某些种类的体型开始迅速地增大。到了三叠纪中期的杯椎鱼龙，体长约10米左右。整个三叠纪5000万年的时间里，鱼龙类重复着祖辈们的生活方式，除了体型的增大，它们的捕食习性几乎没有发生太大的改变，到了三叠纪末期，相继出现了很多大型的品种，例如萨斯特鱼龙、喜马拉雅鱼龙等大型鱼龙，都能够长到15米左右，我们甚至还发现了体长21米的秀尼鱼龙，是迄今为止发现的最大的海洋爬行动物。不过这些鱼龙类的身体结构并没有明显地发生改变，它们尖尖长长的嘴更适合去捕食菊石，甚至秀尼鱼龙这种大型类群为了能更好地捕食菊石连牙齿都退化掉了。没有了大型的嘴巴，鱼龙类很难演化成大型的肉食动物或者滤食动物。

在三叠纪末期，地球海洋的软体动物遭到了毁灭性的打击，菊石类迅速衰败了下去。这给鱼龙类造成了极大的危机，大型鱼龙相继灭绝，鱼龙类这才开始演化出了以其他脊椎动物为食的种类。其中最为著名的就是泰曼鱼龙，它们演化出了用于捕食其他鱼龙或鳍龙类的牙齿，可以说是鱼龙家族最为鼎盛的时期。在侏罗纪时期，鱼龙类遇到了最大的敌人——鳍龙类。虽然侏罗纪的鱼龙家族依然繁盛，但它们的种类已经大大减少，鱼龙类中比较典型的代表生物是大眼鱼龙，不过大眼鱼龙体长4米显然不再能够维持海洋统治权，高度鱼形化的身体就像今天的海豚一样。曾经称霸海洋的鱼龙类被鳍龙类赶出了浅海，只能在深海区活动。而到了白垩纪时期沧龙类的崛起更使得鱼龙类的处境雪上加霜，白垩纪时期的鱼龙类只剩下了3个物种，且最终消失在了在白垩纪中期的森诺曼阶/土仑阶灭绝事件中。

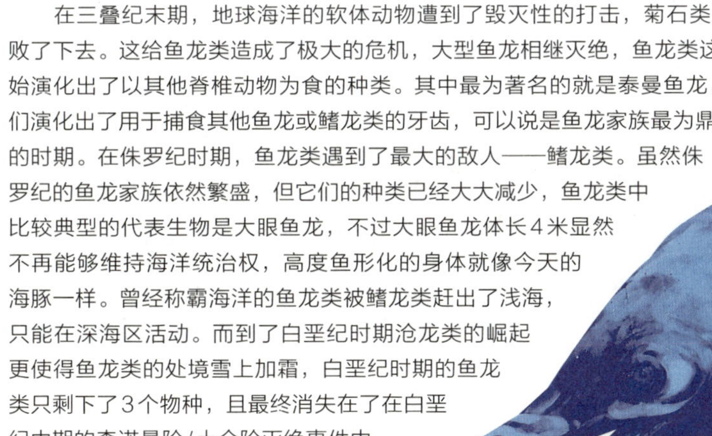

黔鱼龙

鳍龙类在三叠纪时期已经出现，不过在三叠纪时期的海洋中并不占优势。而到了晚三叠世，最早的蛇颈龙类出现，揭开了鳍龙类崛起的序幕。蛇颈龙类分为两个支系。

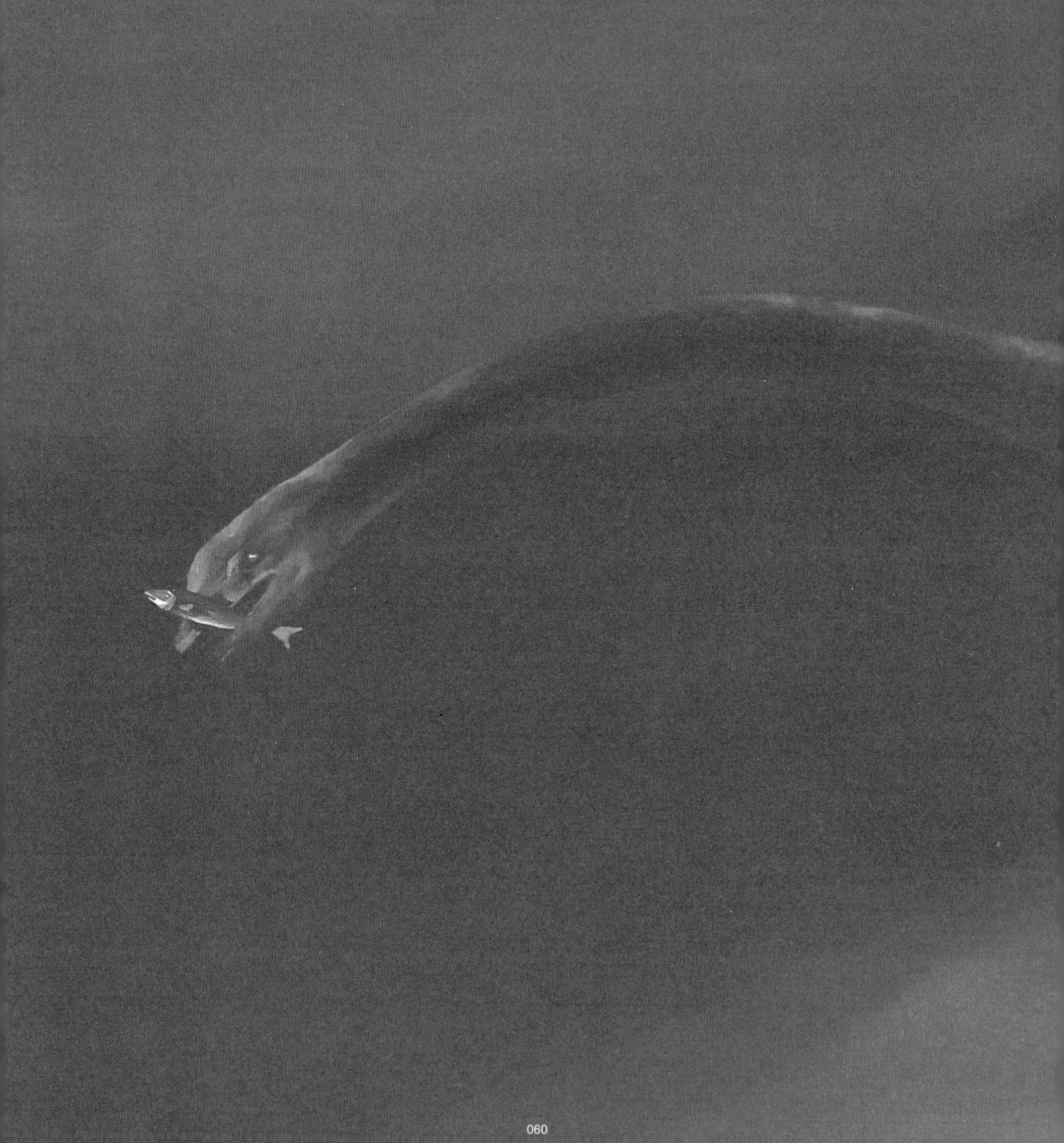

1. 蛇颈龙超科：蛇颈龙超科下属 5 个科。

蛇颈龙科：蛇颈龙科成员是早侏罗世的主要类型，化石多见于欧洲，其中蛇颈龙属是我们很熟悉的成员之一。

薄片龙科：薄片龙科具有很长的脖子，晚白垩世的一些类群颈椎数能达到惊人的 76 块。

曲颈龙科：脖子较长，含有 30 块颈椎，头骨上具有一个上颞孔，颌关节位于齿列的下方，闭合时牙齿彼此之间呈交错咬合。

钩颈龙科：生存于白垩纪时期，不同种类的脖子长度不同。

双臼椎龙科：晚白垩世类型，拥有蛇颈龙超科中少见的短脖子，所以长期被归入上龙超科。

2. 上龙超科：上龙超科下属 2 个科。

菱龙科：菱龙科生存在侏罗纪时期，是肉食性类群之一。鼻腔的结构比蛇颈龙类更进步。

上龙科：上龙科成员同样是以肉食为主，出现了很多的大型类群，如滑齿龙、上龙等，与沧龙类外形相似。沧龙类属于鳞龙下纲中的蛇蜥类，二者容易混淆。

鳍龙类的游泳方式

（1）划桨型：利用桨状的四肢，进行前后的划动，其运动轨迹类似人类划桨时的动作（低效）。

（2）“8”字型：类似今天海龟与企鹅，桨状四肢呈近似“8”字形运动（被认为是最可靠的鳍龙类游泳类型）。

（3）新月型：类似今天的海狮，桨状四肢划动轨迹类似新月形（肢带强度不足，难以完成垂直方向运动）。

新生代（距今 6600 万年）

01 古近纪（距今 6600 万 ~2303 万年）

经历了白垩纪末大灭绝后，哺乳动物迎来了自己的时代。从古新世到始新世的过渡时期，全球的气候曾经出现过短暂的回暖，这次气候的回暖有可能与印度洋板块同亚洲板块的碰撞有关。在始新世时期，陆地上主要以热带森林为主，而到了渐新世转变为凉爽的稀树草原，随着环境的改变，哺乳动物类群在古近纪时期形成了全新的类群。

在古近纪时期，南极大陆与澳洲大陆还彼此连在一起，受到暖流的作用，当时的南极大陆气候温和。但是澳洲从南极大陆分离后，南极洲附近形成了南极环流，这样就使得南极洲周围冰冷的海水环绕整个南极洲，使得温暖的洋流无法到达这里。在始新世时期，海冰开始形成，南极周围的海水温度几乎达到了冰点，冰冷的海水开始下沉，到达海底后向北流形成了冷水的环流。接近冰点的冷水圈环流，隔绝了大多数的海洋生物，因此从始新世末期开始周围的无脊椎生物发生了一次小规模灭绝事件，尤其是深海有孔虫类。其他的深海海洋生物在中始新世到中渐新世之间也出现了几次灭绝事件。由于气候的寒冷，南极的冰盖持续增厚，使得海平面下降，引起了海退，进而导致生物数量锐减。

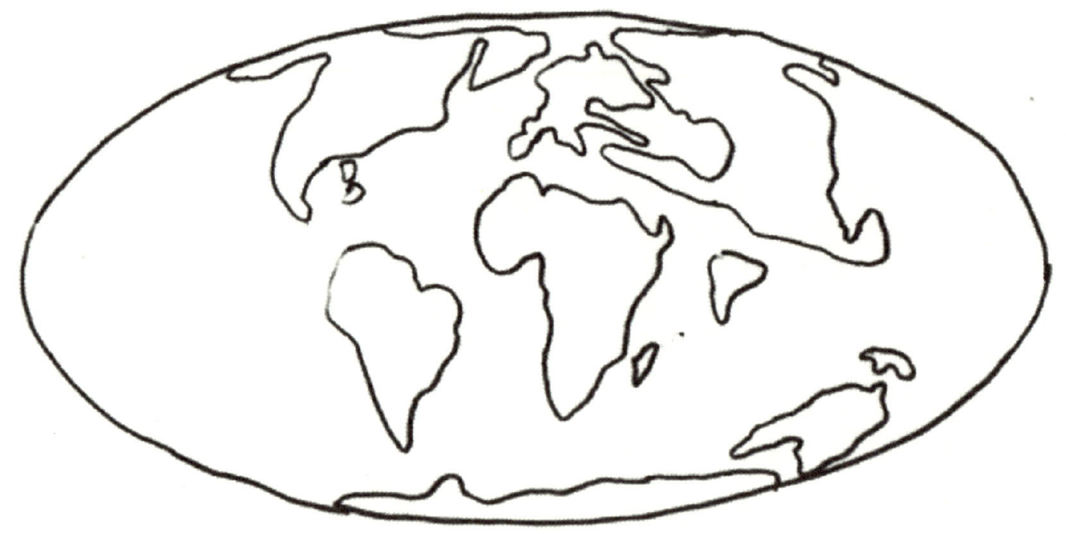

古近纪时期陆地分布示意图

古近纪时期的主要生物

雷兽类：雷兽类的体型通常很大，化石在北美洲和欧洲的始新世地层中均有发现。雷兽类是一类介于猪与大象之间的生物，它们的鼻吻部有一个粗大的弹弓形状的角。这是这类生物的典型特征之一。雷兽类可能是以嫩叶或者水果为主要食物。它们在始新世末灭绝，有一些种类可能幸存在亚洲直至渐新世。

爪兽类：爪兽类看起来比雷兽类更为奇怪，它们在更新世灭绝。爪兽类的头部像马，前肢很长，后肢则相对短小。骨盆宽阔且位于低位。可以两足站立并将高处的树叶拉下来，指上有蹄状结构，这可能是用来支撑身体的特化。趾上有爪可能是用来挖掘树根的，行走时似乎是前肢的指曲起来走，类似今天大猩猩与黑猩猩那样的指背行走方式。

肉齿类：肉齿类是古食肉目成员，可能是今天食肉目的姐妹群。主要以有蹄类生物为食。它们从古新世生存至中新世。

踝节类：踝节类是由五六个支系组成的集合，踝节类目前被划归到劳亚兽总目的基部。

褶边兽类：在古新世很常见，骨架显示有着原始的祖征，它们的手脚均保留了5个指（趾），并且所有的腕骨与踝骨都具备，如外锥兽属。

家齿兽类：家齿兽类起源于古新世，繁盛于早始新世，可能过着半树栖的生活，如猪齿兽属。

伪齿兽类：绵羊般大小的生物，四肢均比较短小，骨骼上的特征显示其比较原始，如原蹄兽属、四齿兽属。伪齿兽类可能与家齿兽类有亲缘关系。

恐角兽类：恐角兽类是晚古新世和早始新世最大的哺乳动物之一，另一类大型的哺乳动物是生活在北美洲与亚洲的尤它因兽类。体型大概和犀牛差不多大。

雷兽

有蹄类

有蹄类可能是由踝节类演化而来的，分为奇蹄目与偶蹄目两个支系。现生的有蹄类为奇蹄目与鲸偶蹄目。

奇蹄目

马科：马科的演化一直作为进化论经典的案例为人们所熟知。我们几乎在地层中发现了马类演化的所有阶段。马类演化的主要趋势是体型的增大与脚趾数的减少。从始祖马的前肢4根脚趾与后肢3根脚趾，到中马的3根脚趾，最后演化为上新马的1根脚趾。今天的现代马同样是1根脚趾。牙齿中的颊齿随着演化逐渐地加深，从小型的切割树叶的臼齿到高冠的用来研磨草料的现代马臼齿。这展现了从嫩食性到粗食性的转变。而演化的主要原因可能是晚渐新世和早中新世的环境变化所致。

貘科 ：现生的貘科有4种，生活在中南美洲与东南亚。早期的貘类，如生活在北美始新世的犀貘，从外观上看起来与始新世的马类相似。貘类在始新世辐射，但之后就局限在这一个支系内，主要的变化是鼻吻部的肉质长鼻。

犀科：现生的犀科主要生活在非洲与印度，目前有5个种。早期的犀类较为繁盛，生活在始新世和渐新世的蹄齿犀体型较小，并且还没有演化出角，它们善于奔跑，与同时期的马类和貘类差别不大。其中副巨犀可能是有史以来最大的陆生哺乳动物。有角犀类在中新世时期广泛辐射。

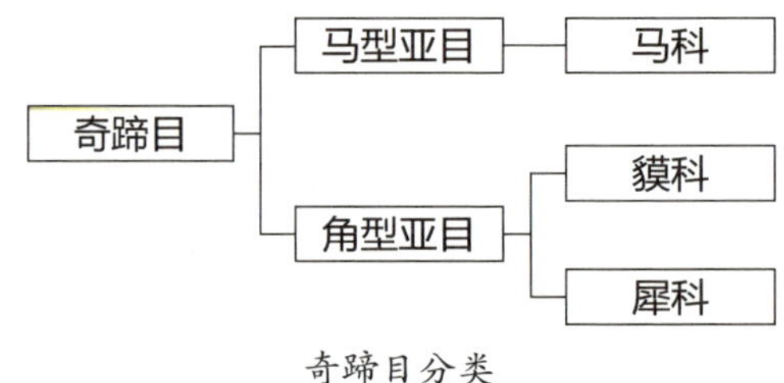

奇蹄目分类

偶蹄类

胼足亚目：胼足亚目主要的成员就是现生的骆驼，它们位于偶蹄目基部的位置，属于相对原始的类群。胼足亚目与反刍亚目都有特化的新月形颊齿。早期的胼足亚目成员是身材苗条、大小类似山羊的动物。现生骆驼起源于北美，后经过白令海峡来到亚洲。

猪形亚目：猪科于晚渐新世起源于欧洲，西猯科在晚渐新世起源于北美洲和欧洲。现生的西猯科成员仅见于美洲。猪类与西猯类的雄性具有獠牙一般的上犬齿，西猯的獠牙向下生长，猪的向上生长。

鲸河马型亚目：主要包括河马类与鲸类及相关灭绝类群。其中河马的化石至今没有发现重要的过渡类型，其起源可以追溯到早中新世的乌干达与肯尼亚。

古近纪时期的主要生物

鲸下目：最早的鲸类有3个科，12个属。这些早期的鲸类有时也被称为古鲸类。

a. 巴基鲸科：头骨上的鼻吻部较长，颌骨上排列着肉食性的牙齿，能够在岸上行走，但不能持续奔跑，可能大部分时间都待在水中。

b. 陆行鲸类：陆行鲸类具有适于有用的四肢，可以在岸上行走，已经开始适应水生生活，主要生活在淡水环境中。

c. 雷明顿鲸类：不太出名的鲸类成员，外形与行动模式都有一些类似鳄类。

d. 原鲸科：原鲸科成员比上述3个科更为进步，中始新世早期起源于印度——巴基斯坦地区，几乎完全水生，看起来像现生的海狮。

e. Pelagiceti：剩下所有的鲸类，标志着永久转移到水生的习性，包括龙王鲸属、矛齿鲸属与现生的齿鲸类及须鲸类。

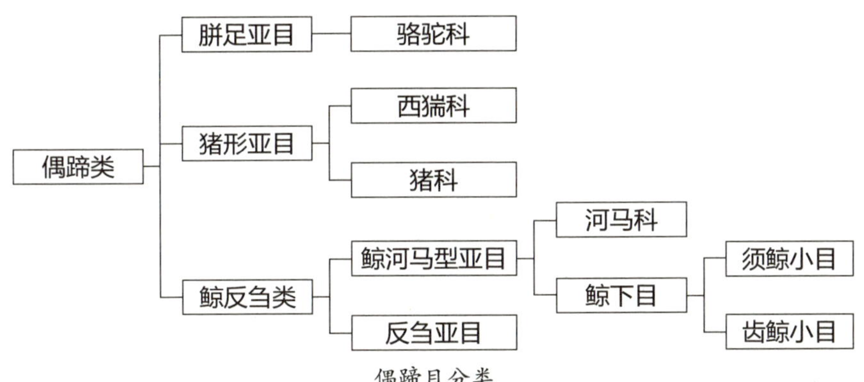

偶蹄目分类

02 新近纪（距今2303万~258.8万年）

新近纪包括中新世与上新世，并且在古近纪与新近纪交界时期没有发生大灭绝事件。这就使得各类生物都得到了比较大的发展。但是新近纪时期冰原逐渐扩大，全球气候逐渐转为凉爽干燥。气候的变化使得全球植被发生了改变，草本植物大繁荣。开阔的植被出现可能对哺乳动物的演化产生了影响。由于始新世以来，两极地区与赤道之间逐渐形成了剧烈的温度梯度差异，于是造成了全球干旱化。尤其是1000万~500万年前，南半球大洋洋底出现了大面积的硅质沉积物，表明在这一时期深海的冷水上涌作用变得更为剧烈，大量的水被封存在了南极大陆的冰盖中，海平面开始急剧下降，以至于大西洋海水无法流入地中海，造成地中海区域一度干涸。直到进入上新世后，海平面才逐渐回升。而2000万年前印度板块与欧亚板块发生俯冲碰撞，印度板块插入欧亚板块下方，并将欧亚板块抬升，在大约1500万年前到达今天的位置。欧亚大陆被抬升的地区形成了我们今天熟知的青藏高原，喜马拉雅山脉的形成也是这次俯冲所造成的。直至今日，这个俯冲作用仍然存在。

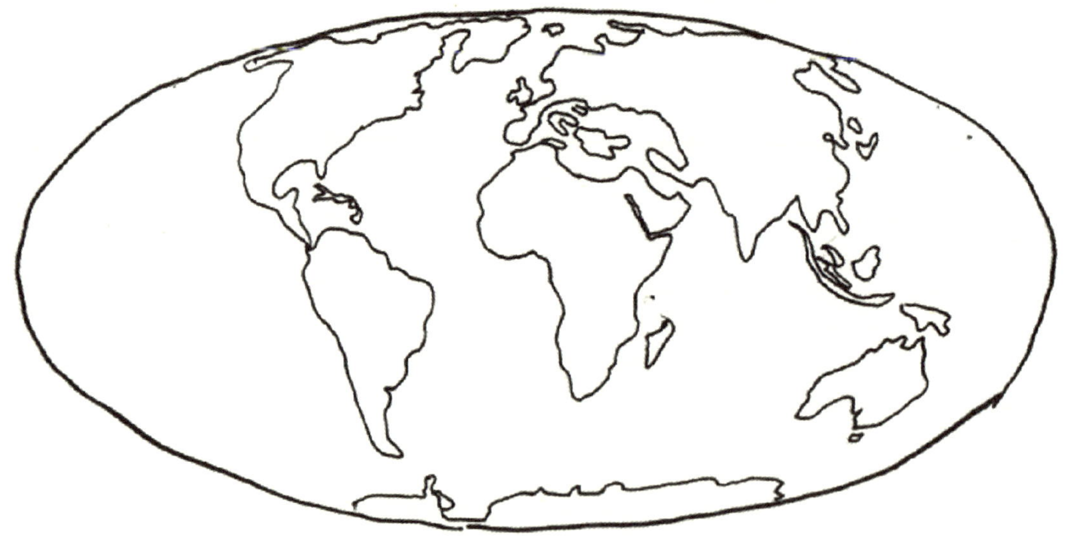

新近纪时期陆地分布示意图

新近纪三大事件

现代哺乳动物演化

哺乳动物在三叠纪末期出现，经历了白垩纪大灭绝后，同样遭受了重创。但仍然有一部分支系幸存下来，并演化成为今天的哺乳动物。现生哺乳动物有三个支系从白垩纪灭绝中幸存：单孔目、后兽亚纲、有胎盘亚纲。其中单孔目化石缺失，所以具体情况我们并不了解，后兽亚纲损失很大，而现生哺乳动物中绝大部分属于有胎盘亚纲。

现生的哺乳动物有5400多种，其中，单孔目5种，有袋类334种，有胎盘类5100多种。不过各支系之间的系统关系难以确认。

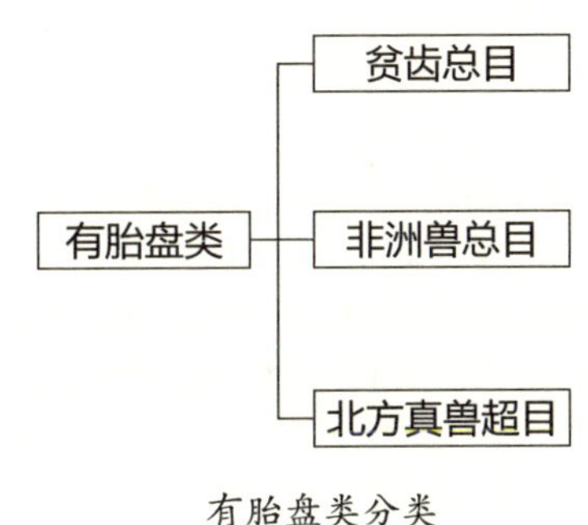

有胎盘类分类

新近纪时期的主要动物类群

贫齿总目

（1）犰狳科：最早的犰狳科化石发现于晚古新世。

（2）雕齿兽：在上新世和更新世时期体型大型化。

（3）树懒：化石最早可以追溯到渐新世，现生的树懒只有6种。演化路线分为两条：体型小型化，适应了树栖生活，就像今天的树懒一样，另外一类体型大型化，出现了大型种类，其中大地懒体长可达6米，是最大的地懒。

（4）食蚁兽科：食蚁兽科的化石记录比雕齿兽与树懒还要缺失，现生3个属，包括树栖的食蚁兽属、小食蚁兽属和地栖的大食蚁兽属。

非洲兽总目

（1）非洲食虫目：主要包括土豚属、非洲猬目和象鼩目。

土豚属：土豚属的鼻吻部为管状，牙齿退化。主要栖息在地洞中并挖掘白蚁为食。土豚属的化石最早可以追溯到中新世。

非洲猬目：与象鼩目是姐妹类群。其中马岛猬科拥有30个种，是一类食虫型哺乳动物，体型大多小巧，化石最早见于中新世地层。金毛鼹科在非洲南部有21个种，最早见于中新世地层。

象鼩目：象鼩目成员很罕见，现生17个种，头骨的外形很像鼩鼱，鼻吻部有一个柔软的长鼻子，四肢较长。化石可以追溯到北非始新世地层。

（2）泛蹄大目：主要包括大象与其近亲。

特提斯兽亚目：分类位置仍有争议，代表种类如重脚兽。

海牛目：包括4个现生种，儒艮、美洲海牛、非洲海牛、亚马逊海牛。起源于早始新世，可能是在非洲的始新世至中新世时期开始辐射。

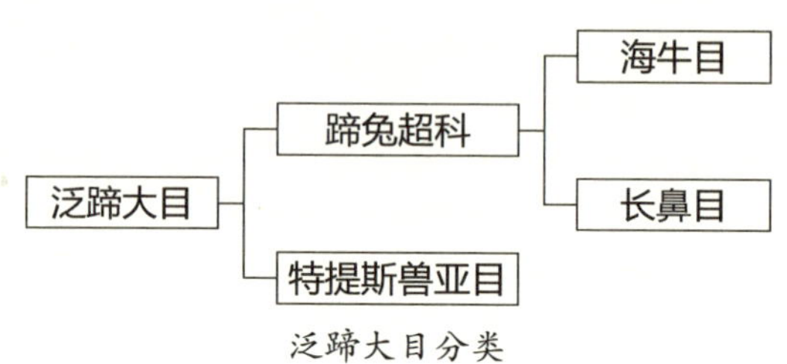

泛蹄大目分类

长鼻目：长鼻目的典型特征是颧骨退化，眼眶在上颌骨中开口，第二上门齿增大，下犬齿以及第一前臼齿缺失。臼齿变得更为宽阔并且具有加厚的齿尖与脊，四肢结构特化为承重类型。

a.磷灰兽：最早的长鼻目成员，化石发现于摩洛哥的早始新世地层，保存不完整。

b.始祖象：最早的相对完整的长鼻目化石，出土于北非晚始新世和渐新世，外形像小型的河马。

c.恐象：晚渐新世至中新世时期较为繁盛，特点是下颌的下方有卷曲的獠牙，可能是用来刮削树皮的。

d.象形下目：古乳齿象、渐新象、象形次目等。

e.象形次目：乳齿象、短颌象、嵌齿象、剑齿象、真象科。

f.真象科：猛犸象、真象。

北方真兽超目

（1）食虫目：包括鼩形类和猬形类

鼩形类：起源于中古新世，上颊齿具有“W”形的脊。

猬形类：起源于始新世，体型最大的类群是恐毛猬，体型能达到狗一般的大小。

（2）食肉目：现生的食肉目有320个种，颌的每侧具有一对裂齿。现生的食肉目在晚始新世和早渐新世开始多样化。包含不同支系。

①猫型亚目

a.灵猫类：最早可追溯到晚始新世。

b.獴类：最早起源于晚渐新世，现生种类在非洲和亚洲以昆虫、其他小型动物以及果实为食。

c.鬣狗类：起源于中新世。

d.猫类：起源于早渐新世。猫类演化分为两条路线，即具有军刀状牙齿的剑齿虎类与具有锥形牙齿的现生所有猫科动物。

②犬形亚目

a.犬形类：犬形类主要在北美洲与欧洲辐射，而猫形类主要在亚洲与非洲辐射。直到大美洲生物交流事件之后，二者迅速且成功地在南美洲辐射。

b.鼬类：包括了鼬科与浣熊科。最早的化石见于早中新世和晚渐新世。

c.熊科：起源于晚始新世，在北半球尤其成功，早期的类型看起来很像狗。

（3）鳍脚目：水生食肉类。鳍脚目主要是适应了水生生活的一类哺乳动物，可能在渐新世时期完成了水生化。海熊兽科与皮海豹科是最早的鳍脚目中两个已经灭绝的科，主要生活在晚渐新世和早中新世。现生的鳍脚目分3个科：海狮科、海象科、海豹科。

（4）啮齿超目：啮齿类、兔形类及其近缘种。

啮齿类：最早的啮齿类可能是北美和欧亚大陆晚古新世和始新世的壮鼠科。它们有着原始的颌肌类型与牙齿祖征。

兔形类：兔形类的上颌骨具有第二对小门齿，而啮齿类只有1对，最早的兔化石发现于早始新世地层中。现生的兔形类分为兔类与鼠兔。

统兽总目

（1）树鼩目：现生的树鼩目在东南亚有20个种，我国始新世地层出土的可能是最早的树鼩目化石。

（2）皮翼目：现生的鼯猴类属于皮翼类，现生2个种生活在东南亚，四肢和身体以及尾巴之间有一个滑翔用的皮膜，化石只发现了牙齿和颌骨，保存极不完整，出土于中始新世至晚渐新世的泰国、缅甸和巴基斯坦。

（3）灵长类：由于人类属于灵长类，所以对于灵长类的研究相对来说更多、更详细。现生灵长类430多个种，人类只是其中之一。

a.更猴形类：更猴形类有11个科，在古新世和始新世在北美、西欧和亚洲辐射。最早的更猴形类只发现了一些牙齿与颌骨的碎片，直到在法国与北美洲发现了更猴的化石，我们才得以知道它们大概的样子。它们的外形类似松鼠，眼睛很大，脸部向两侧后倾，还没有演化出双目视觉。也有学者将更猴形类放置于树鼩目与皮翼目之间，作为其他灵长类的姐妹群。

b.曲鼻猴亚目：其他的灵长类在早始新世开始大量辐射，我们将剩余的灵长类称为真灵长类并分为曲鼻猴亚目与简鼻猴亚目。包括兔形猴类、狐猴形类以及懒猴形类。

c.简鼻猴亚目：主要包括眼镜猴类及其近缘种。最早的始眼镜猴化石出土于我国始新世洞穴堆积中的化石。

d.类人猿亚目：类人猿亚目被认为是高等的灵长类，是由猴类与猿类所组成的支系。

- 阔鼻猴类：新大陆猴（新大陆为南美洲），两个鼻孔之间的间距较大并朝向前方，有一些种类具有适应了抓握的卷尾。
- 窄鼻猴类：旧大陆猴（亚洲、欧洲及非洲的总和），具有较窄的鼻吻部，没有可用于抓握的卷尾。

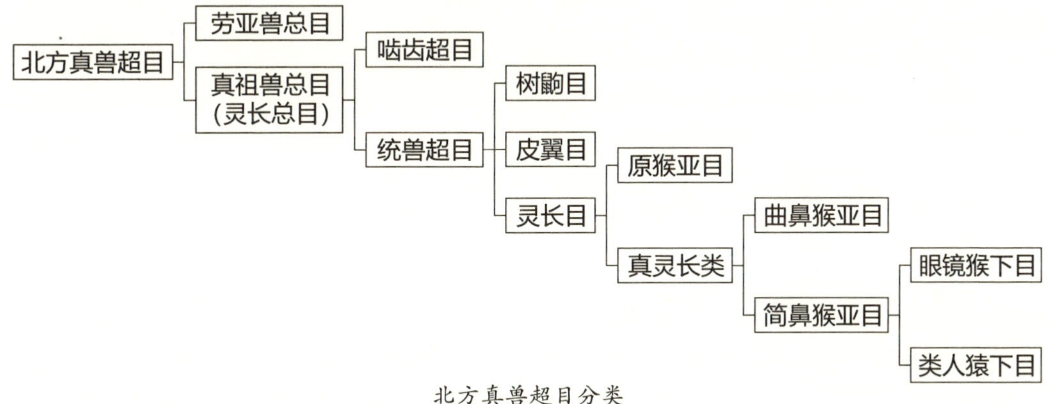

北方真兽超目分类

最早的类人猿亚目

（1）原始类人猿亚目成员：

a. Altiatlasius：化石发现于摩洛哥上古新世地层，只发现了10颗颊齿以及一块颌骨化石。

b.曙猿科：曙猿化石出土于我国中始新世地层，是最基位的类人猿亚目成员。

c.双猴科：化石产自缅甸中始新世地层。

d.非洲类人猿支系：包括了非洲地区类人猿亚目的所有成员。例如，发现于埃及晚始新世和早渐新世的副猿类。

（2）阔鼻猴类：阔鼻猴类现生130个种，全部都是营树栖生活。阔鼻猴类化石零散，保存不完好，最早的阔鼻猴类化石出自晚渐新世地层，如branisella。早中新世地层中的Dolichcebus、Tremacebus、chilecebus等化石保存相对完好。现生阔鼻猴类包括僧面猴科、卷尾猴科、蜘蛛猴科等。

（3）窄鼻猴类：窄鼻猴类的颌骨两侧只有两个前臼齿，并且雄性个体大于雌性个体。窄鼻猴类与阔鼻猴类可能在始新世或渐新世演化分开。窄鼻猴类分为猴总科与人猿总科。

人猿总科

（1）早期人猿总科成员：

a.原康修尔猿科：原康修尔猿科是人猿总科基位成员，化石主要产于东非早中新世地层。目前发现4个种，主要区别在于体型大小。

b.长臂猿科：长臂猿科是从非洲转移到亚洲及欧洲独立演化的一个分支，现生140个种，身体上具有明显的祖征。在我国发现的元谋猿是典型代表。

（2）人猿科：

a.非洲猿科：非洲猿科是最早的人猿科成员，包括肯尼亚古猿等类群。主要化石见于东非，生活在2000万~1400万年前。

b.猩猩亚科：主要生活在1600万~1300万年前的东南亚地区，我国云南发现的禄丰古猿是这个类群的成员。

c.西瓦古猿亚科：生活在中、晚中新世的猩猩亚科成员。最知名的成员是西瓦古猿属，共3个种，是猿类与人类演化之间的一环，具有过渡形态的腭板。

d.巨猿属：化石出土于我国更新世地层，仅发现了一些牙齿与颌骨的碎片。根据牙齿推测其体长可能达到2.5米，主要在森林中生活。

人猿亚科

森林古猿：森林古猿大约在中中新世进入欧洲地区，化石发现于法国南部，是最早期的人猿亚科成员。森林古猿可能由多个类群组成，如1300万年前的皮尔劳尔猿与800万~600万年前的山猿等，故也称森林古猿族。

大猩猩与黑猩猩：一直没有化石发现，直到2005年，在肯尼亚中更新世地层中发现了一些黑猩猩的牙齿。

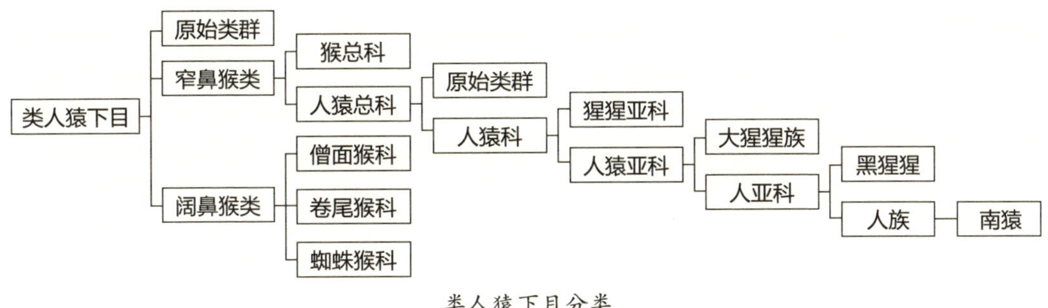

类人猿下目分类

03 第四纪（距今258.8万年）

第四纪是冰川期与间冰期周而复始的一个时期。这一时期的气候变化频繁，对动植物以及人类的演化产生了重要的影响。在冰川期时，北极的冰带开始向南推移，纬度方向的气候带也同样向赤道南压。同时，气候带的南压将降水带到了原本干旱的地区，这就使得这些干旱地区的生物得到了发展。东非地区就是这样的一个例子，而我们人类是起源于大约30万年前的东非。在更新世时期大约7.5万年前，由于白令陆桥的存在，早期的人类沿着这条路线从欧亚大陆来到了美洲大陆，自此人类几乎遍布了地球上的各个大陆。

米兰科维奇循环

在更新世时期，地球经历了4个冰川期和3个间冰期，最后一次冰川期大约在2万年前。更新世的周期性冰川期与地球的公转轨道、地球接收太阳辐射角度等因素有着密切的关系。前辈科学家梳理了大量的数据，总结出了以下几条规律，称为米兰科维奇循环。

（1）黄赤交角：地球的黄赤交角在21.5度至24.5度之间变化，以千万年为一个周期。当黄赤交角最大时，不同维度接收太阳辐射的差异性最大。

（2）地球公转轨道偏心率：大约10万年一个周期。

（3）岁差：岁差的周期大约2.3万年。地球沿着地轴的晃动叫作岁差，是由太阳和月球对地球赤道隆起的引力作用造成的，这个作用的后果是改变地球通过二至点（夏至与冬至）的时间。

（4）气候周期：我们对80万年以内的气候进行研究发现更新世时期的气候波动表现出10万年、4万年、2万年等3个主要周期。

不过我们对于地质学开展的相关研究结果却与米兰科维奇循环不符。地质学数据显示，80万年前气候的波动遵循的是4万年周期，而80万年至今遵循的是10万年周期。而且米兰科维奇循环没有对300万～200万年前的强冰河期做出根本上的解释。所以推测，大西洋海水循环影响了气候等因素，同样是导致更新世冰期周期变化的原因之一。更新世冰期的周期性变化是多种因素共同作用的结果。

人类演化

在通往现代智人的演化路线上，人类谱系上多达22个种，其中南方古猿类4个种、南方古猿属9个种、人属9个种。但只有我们智人最终繁衍至今，其他人种已全部灭绝。

（1）最早的人类化石：已发现的早期人类化石可能存在2个相互竞争的种类：萨哈人猿与图根原初人。萨哈人猿是生活在700万年前乍得的1个种，目前仅发现已经变形但相对完整的头骨化石，其脑容量与黑猩猩相当，犬齿小，有着突出的眉脊。而图根原初人生活在600万年前的肯尼亚，牙齿的形态类似猿类，股骨显示其可以直立行走。除此之外，还在埃塞俄比亚发现了距今440万年前的始祖地猿。

（2）早期南方古猿：早期的南方古猿是基位人族，在上新世一度繁荣。我们熟知的化石——露西少女，就是南方古猿的一种。

南方古猿湖畔种：410万~390万年前，是介于地猿与进步类群之间的一个种。

南方古猿阿法种：370万~300万年前，是最完整、最著名的上新世人族成员，齿列看起来有些圆，已经完全适应了两足行走。

平脸肯尼亚人：350万年前，生活在肯尼亚，也有人认为其实是被压变形了的南方古猿阿法种。

（3）较晚的南方古猿：南方古猿从上新世晚期到更新世的最早期生活在非洲地区，数量有7个种，包括南方古猿非洲种、南方古猿源泉种、傍人粗壮种、南方古猿惊奇种、傍人鲍氏种、傍人埃塞俄比亚种、南方古猿羚羊河种。

（4）能人与鲁道夫人：1960年与1963年，在肯尼亚的奥杜威峡谷发现了古人类化石，可能是人属的最古老种类。因为这类人种能够用手制造工具，所以命名为能人。名字的意思是巧手的人。之后又在肯尼亚图尔卡纳湖发现了更完整的头骨化石，命名为鲁道夫人，并归入能人。能人与鲁道夫人是生活在240万~150万年前的人属成员。

（5）直立人：大约190万年前，人类开始走出非洲东部与南部向其他地区扩散。这一时的人类我们称之为直立人。1984年在肯尼亚图尔卡纳湖发现了匠人头骨，其头骨特征比智人原始，比能人进步，被归入直立人。匠人是直立人中较为原始的种类。在非洲以外发现的最早的直立人化石是生活在180万~170万年前的格鲁吉亚人。而直立人化石最为丰富的地点是我国北京周口店附近的化石遗址，发现了大约40个北京猿人个体。它们生活在80万~20万年前，同时也是最早使用火的人属成员。

（6）智人：1907年在德国发现了新的古人类化石材料，经过研究被命名为海德堡人，是早期智人的一种，生活在60万~40万年前。

离现代人年代最近的人族是尼安德特人，它们生活在60万~2.7万年前的欧洲。第一具化石是在1856年的德国被发现的，研究显示，尼安德特人大约在60万年前与现代人分支，拥有自己的文化，可能与现代人产生了一定程度的杂交。

现代人可能在60万年前已经扩散到全球，而现代人最早的没有争议的化石是发现于非洲和以色列19.5万~10万年前的几个标本个体。现代人可能在4万~3万年前进入欧洲，也被称为克罗马农人。

人亚科
地猿
南方古猿
人属
湖畔种
阿法种
非洲种
惊奇种
粗壮种（傍人）
罗氏傍人
鲍氏傍人
埃塞俄比亚傍人
能人与鲁道夫人
直立人与匠人
智人
海德堡人
尼安德特人
现代人

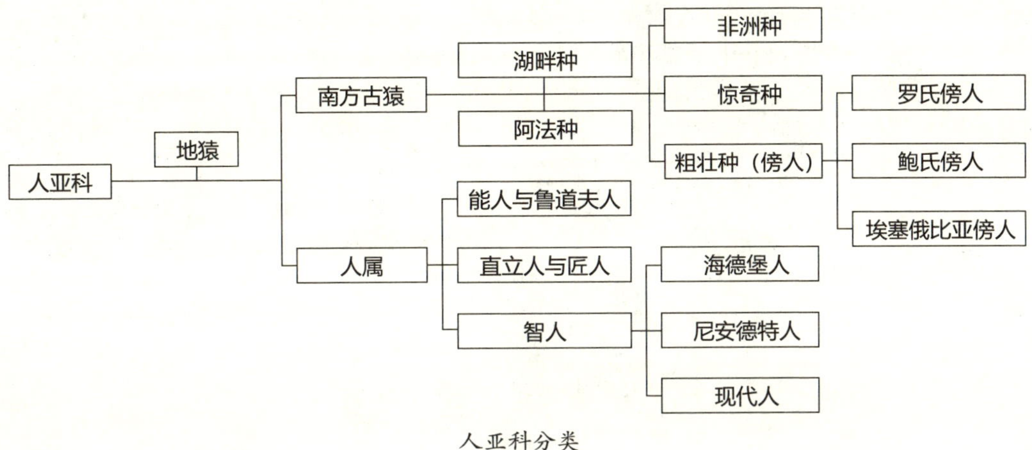

人亚科分类

生命的书籍
——地层

早期的地球

在地球形成的初期，由于地外天体的撞击、频繁且剧烈的地质活动尤其是火山爆发等因素，地球的表面充满了熔岩，温度很高。但随着地球慢慢地冷却，地球表面的岩浆冷却形成了岩石，也就出现了地壳。

之后火山喷发及地外天体带来的水，以蒸汽的形式环绕地球，最终也随着温度的下降变成了液态水，并汇集成为最原始的海洋。经过亿万年的时间，岩石才转变为土壤。经过长时间的沉积，最终成为我们今天看到的地层结构。

岩石的类型

我们根据地球上岩石的特点，将岩石分为三大类：岩浆岩、沉积岩、变质岩。

01 岩浆岩

岩浆岩，顾名思义，就是由岩浆冷却之后形成的岩石。由于岩浆的温度很高，呈熔融状态，所以岩浆岩又称为火成岩。岩浆岩根据它的形成过程又可以分为喷出岩与侵入岩。

由于地球内部的温度依然很高，所以在地球的内部岩石仍然是以液态的形式存在，这些岩浆内部压力很大，可以通过向上涌动达到地表或者靠近地表。通常火山下方就有岩浆室的存在，如果这些岩浆通过火山口喷发出来，来到地表，冷却之后形成的岩石我们称为喷出岩。但如果这些岩浆的力量不足以从火山口喷发出来，而是停留在地表附近的地层缝隙中，最后冷却形成的岩石叫作侵入岩。

02 沉积岩

沉积岩，是通过沉积物的积累，并最终形成的岩石。由于沉积的过程中大多有水的参与，所以又称为水成岩。根据沉积物的不同，沉积岩可以分为很多不同类型的岩石。依据沉积过程将沉积岩分为海相沉积和陆相沉积。

陆相沉积是发生在陆地上的沉积过程。例如，陆地上存在有土壤及岩石，当遭遇暴雨、洪水的冲刷，水流将泥沙、碎石等物质搬运，之后沉积下来，便形成陆相沉积。如果外力作用巨大，大块的岩石也会被搬运。所以陆相沉积所形成的沉积岩大多质地粗糙，里面可能含有较大的颗粒。

海相沉积是由海洋环境沉积而成的。海相沉积大多是由细小的碎屑以及被海浪反复拍打后颗粒度较小的泥沙等形成的。在海底沉积时，海水中的矿物质结晶也会沉积下来。相对于陆相沉积来说，海相沉积的沉积速度很慢，过程缓和，所以形成的沉积岩纹理均匀、质地细密。海相沉积中保存化石是相对更好、更完整的。而陆相沉积由于大块颗粒物的存在容易对化石表面形成损伤。

03 变质岩

变质岩是由于其他岩石深入地下后，在地球内部温度较高的环境下，岩石内的矿物质发生了部分熔融，但又没有完全转化为岩浆。这些熔融部分的矿物质由于熔点的高低不同，在不同深度和不同温度下，熔融物质不同。之后这些熔融状态的矿物质聚集在一起，再次冷却之后得到的岩石，我们称之为变质岩。

三大岩石的互相转化

地球上的三大岩石是可以互相转化的。当岩浆冷却之后，形成了岩浆岩。这些岩浆岩在风化作用下，会逐渐地由大块的岩石被瓦解成为小块的岩石，并最终形成细小的颗粒。这些细小的颗粒在水流、风力的作用下，被搬运到其他地方并沉积下来，而形成沉积岩。变质岩与沉积岩暴露在地表也会经历相同的过程，转变为新的沉积岩。而无论是沉积岩、岩浆岩还是变质岩，如果它们随着地质运动再次回到温度很高的地球内部，被融化成岩浆，再次变为岩石就会形成新的岩浆岩。同样的道理，三种岩石如果都出现了重结晶现象，也都会再转变为变质岩。这样，三种岩石在地球上就可以相互转化。

地层的顺序

说起地层，我们大多指的是由沉积岩所形成的地层。在地层里，埋藏着非常重要的信息——化石。我们通过化石能够了解到远古生命到底是什么样子的。因为地层是由沉积岩所组成，根据沉积岩形成的过程，我们很容易就可以了解到地层的顺序与其年代之间的关系。越往下的地层形成的年代越久远，越在上面的地层，形成的年代越新。但在实际情况中却不是如此，由于地层的运动，我们在观测实际地层的时候经常会遇到地层倾斜、地层倒转等现象。同时，由于不同地区古环境不同，很多地方都有不同程度的地层缺失现象。如果我们刻板地认为在下面的地层年代就是古老的，那么在开展相关工作时，必然会出现错误。因此，如何确定地层的顺序及年代就成为地质学家们的首要问题。

由于地层中含有大量的古生物化石，而其中某些种类只生活在特定时期。所以这样的古生物化石便成了我们界定地层年代一个十分便利的工具。地质学家们对全球各地的地层进行了详细的研究，总结梳理了地层年代表以及各种级别地区的地质图，方便开展相关工作。

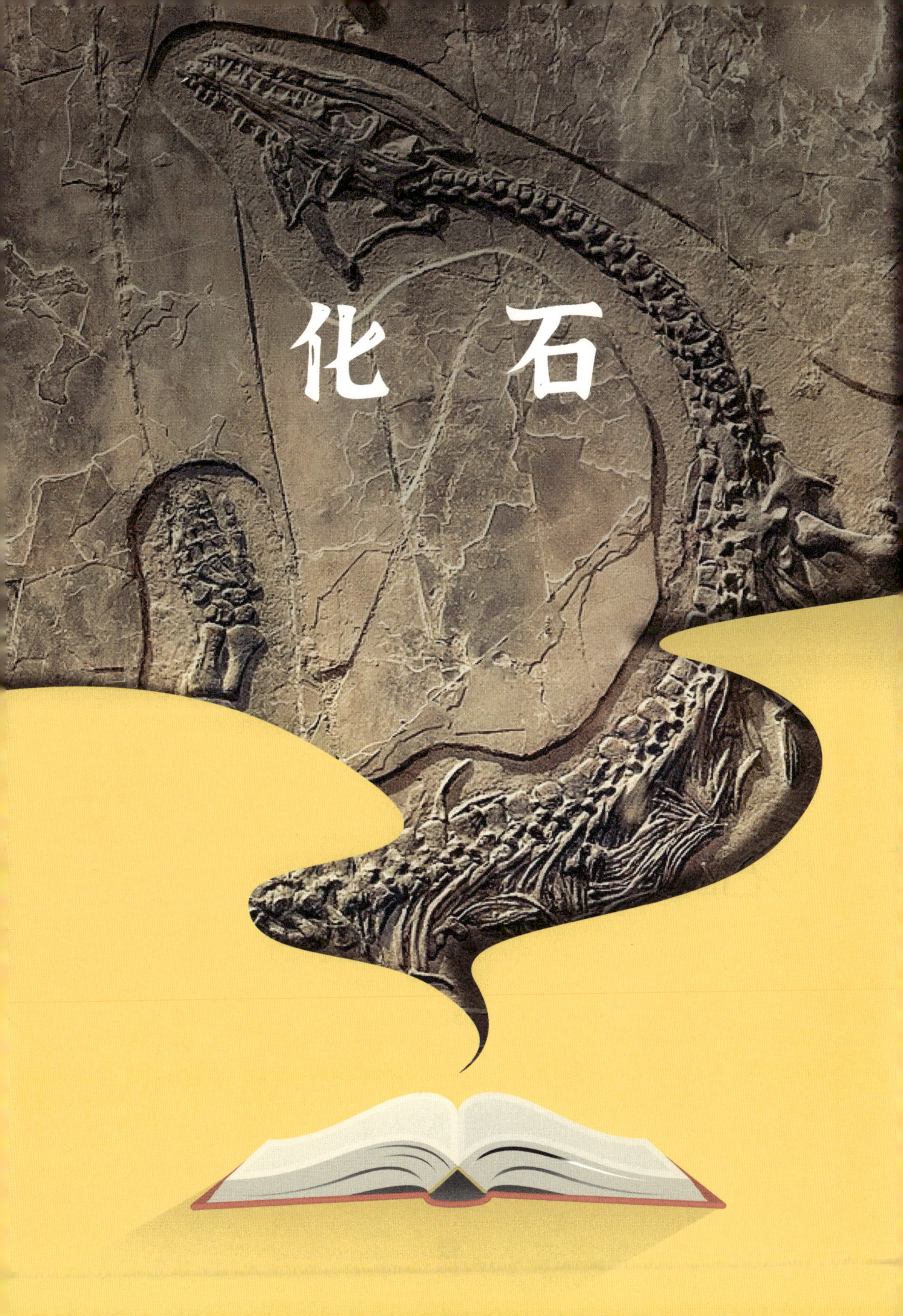
化　石

化石的定义及重要性

化石是指保存在岩层中地质历史时期生物的遗体、生命活动的遗迹以及生物成因的残留有机物分子。

古生物学是地质学的分支学科，是一门极度依赖材料的自然科学。而化石正是我们了解史前生命、学习古生物学以及研究工作的重要材料及工具。可以说所有的古生物工作者都不能够脱离化石而完成工作。所以，对化石有一定程度的了解是接触古生物学的重要步骤之一。

从本质上来说，绝大多数化石与其周围的岩石在成分上并没有特别大的差别。我们之所以将化石从岩石中单独列出来，这是因为化石具有史前生命的外形，或者是化石承载了史前生命活着的时候所留下的生存的痕迹。我们正是通过这些信息来了解史前生命的。

自然界当中的化石由于受到各种因素的影响，往往保存得并不完好，这就使得我们获取想要的信息变得尤为困难。要想从这些破损的化石上获取信息，最主要方法就是观察。200年来，所有的古生物学家运用所处时代中各种手段来仔细观察化石上的细微特征，然后再通过观察现生生物，对所研究的古生物进行合理的推断。推断所得假说在其他学者的补充、完善、修改以及证伪的基础上，古生物学才逐渐发展成我们今天看到的样子。总之，想要进入古生物学领域，一定要了解化石的相关知识，才能够学好古生物学。

化石的形成条件

化石作为地球地层中的产物，它的形成需要具备某些条件。如果这些条件都满足了，那么形成化石的可能性就会相对比较高。即使所有的条件都得到了满足，也不能说一定会形成化石，因为在亿万年的地质变迁中，影响化石形成以及保存的因素实在太多了。当然，即使不满足这些条件，在特定环境中仍然能够形成化石，往往这些特意保存的化石都能够给我们带来惊喜，这些化石所保留的信息是其他化石所不具备的。

那么，具备哪些条件形成化石的可能性会比较大呢?

01 生物体的硬组织

形成化石最重要的条件之一，就是生物体的遗骸能够保存下来。这就要求生物体遗骸要具备一定的硬度，也就是我们通常所说的硬组织。通常来说，越坚硬的物质越容易保存下来。比如我们所熟知的生物体的骨骼、牙齿、硬质的外壳等，都是相对来说比较容易形成化石的部分。也正因为如此，我们今天见到的化石以上述这些为主。但化石的形成与周围的环境密切相关，并不是所有的硬组织都会形成化石。例如，许多无脊椎生物的外壳主要的组成成分是碳酸盐类，如果处于相对酸性的环境下，很难形成化石。而脊椎动物骨骼的主要成分是磷酸钙，同样也受酸性环境影响。但牙齿的外部主要由羟基磷灰石组成，对于酸性物质的耐性更高，保存下来的概率也会更大。

02 是否被迅速地掩埋

一般来说，生物体死亡后，如果它的遗骸能够迅速地被掩埋掉，那么形成化石的概率也会相对较高。如果生物体的遗骸裸露在地表，首先会遭受食腐动物的损害，绝大部分的食腐动物会将尸体弄得凌乱不堪，这就造成小块的骨骼散落遗失。体型稍大些的食腐动物通常会将小块的骨骼吞下。除此之外，还有其他生物，如昆虫、微生物等，都会进一步破坏尸体。暴露在外的生物体遗骸也会因为各种外力的原因被破坏。所以，生物体的遗骸被迅速地掩埋能够最大程度得到保护，使其成为化石的可能性更高。

03 沉积物的成分

掩埋生物体遗骸的沉积物成分对化石的保存有着重要的影响。在陆相沉积中，经常会有大颗粒的岩石碎块或者比较坚硬的硅酸盐类物质，这些比较锋利且坚硬的物质会对生物体的遗骸造成磨损，即使是硬组织部分也经常会被破坏，而海相沉积由于沉积速度慢，形成的沉积物细腻致密，所以其中的化石保存完好，即使没有硬组织部分，也同样能够形成化石保存下来。

04 地质作用

如果一个生物体的遗骸保存完好，并且被迅速地掩埋起来，还需要一定的时间来形成化石。在这期间，如果化石所在地层抬升，并且裸露在地表，那么已经形成或正在形成的化石就会被破坏掉，同样不能保存下来。而化石所在地层下降，深深地埋入地下，我们也很难发现，最终在地质作用下，化石同样会被破坏。所以，我们今天见到的每一块化石，都是大自然经过亿万年形成的瑰宝。

化石的成岩作用

化石的成岩作用是生物体遗骸由有机物质转变为矿物质的过程。成岩作用会直接影响到化石内部微观结构的保存程度。这对于古生物学研究来说十分重要。成岩作用通常分为三种类型：矿物质填充、置换作用、碳化作用。

01 矿物质填充

矿物质填充是指生物体遗骸内的有机物质消失后，使得原来的硬组织部分出现了很多松散的多孔结构，随后这些疏松的孔隙会被可溶性矿物质所填充，再次使硬组织变得致密结实，并且增加了硬组织的重量。

02 置换作用

当矿物质填充进入遗骸内部速度与有机物质流失速度大致相同时，我们称之为置换作用。这样形成的化石不但外形得到了保存，内部微观结构也可以比较好地保存下来。对于显微观察十分便利。

03 碳化作用

碳化作用是三种类型中对化石破坏最为严重的。碳化作用会将有机物中的氢、氧原子脱离原分子结构，只留下碳原子，形成一个碳化的外壳，里面的微观结构几乎完全被破坏。而生物体外壳也变得十分脆弱，有些化石几乎只剩下薄薄的一层碳壳。

化石的形成过程

01 生物体死亡

生物体在死亡后，留下了遗骸。我们发现，很多化石存在的古环境都有水的存在，但这并不是化石形成的必然条件，其他环境也能够形成化石。

02 遗体被迅速掩埋

生物体死亡后，越早被掩埋，对于其保护就越好。通常来说，生物体死亡在大型水源附近被迅速掩埋的概率会更大。一般这些地方受季节性降雨影响，会出现水位暴涨的现象，并且汇入的水源往往裹挟着泥沙，能够更好地将遗骸掩盖。

03 地壳下沉

生物体遗骸被掩埋之后，遗骸的软组织部分会被微生物等分解者消耗，极个别情况有可能保存下来，但大多数时候只有硬组织部分可以留存。随着时间的推移，生物遗骸所在地层上又会继续有新的沉积物，当遗骸所在地层逐渐深入地下时，其所在地层的压力与温度都会升高，进而发生成岩作用与压实作用。只有在成岩作用与压实作用都适中的情况下，形成的化石才能够比较好地得以保存。有些化石成岩过程中因为压实作用太强，化石部分会断裂成为碎片。

04 地壳抬升

化石形成后，它仍然是深深地埋在地下，只有当化石所在地层随着地质运动发生抬升时，才有可能被人类发现。现在人类的科学技术还不能够在地下很深处挖掘化石，随着挖掘深度的增加，挖掘难度陡然升高，我们只有依靠大型的挖掘机械才能够继续进行，但大型机械的挖掘作业极容易破坏化石，所以几乎很难深入地下挖掘。

05 风化露头

我们通常发现化石都是因为含有化石的地层在风化作用下出现了露头。当地层在地表裸露后，大自然的风吹日晒、雨淋冰凿都会对地层产生一定程度的破坏，久而久之，有些化石便显露出来。如果这时有人发现了化石，古生物学家便会开始发掘工作，对发现化石地区的地层进行详细勘探，把化石挖掘出来并加以保护利用。如果露头的化石无人发现，有可能继续发生风化而遭到破坏，甚至完全消失。

风化作用并不单一指风对岩石的破坏，水流、植物的根系、人类的活动等都可以包含在其中。风化作用又分为物理风化和生物风化。风化作用是十分重要的。地球上最初的土壤就是在风化作用下，大块坚硬的岩石逐渐崩解，才慢慢形成的。土壤是植物在陆地上生存的重要依赖物。可以说，没有风化作用可能就没有我们今天看到的美丽地球。

3. 经过数万年的地质作用，这些动物的骨骼经过石化作用成为化石。

4. 由于地质作用使升，保存化石的岩层化，骨骼化石暴露出

化石的形成

化石是存留在远古地层中的生物遗体、遗物或遗迹。根据化石的保存特点，可以分为四类：实体化石、遗迹化石、模铸化石、化学化石。

1．地质历史时期生活在地球上的生物。

2．这些动物在死亡后被迅速掩埋，有机质腐烂降解，硬组织部分不断被周围的矿物质溶液填充置换，逐渐石化。

5．古生物学家经过野外地质踏勘，发现了化石的保存层位，于是便开始了艰辛的科学发掘。

化石的分类

01 实体化石

实体化石是指那些由生物体的遗骸转化成为的化石，是我们平时见到最主要的化石类型。在全世界各大博物馆中展示的化石，大多都是实体化石。实体化石又可以分为完整实体化石与非完整实体化石。

（1）完整实体化石：完整实体化石是指生物体的软组织与硬组织都完好保存的化石。这些生物体遗骸没有出现太大的改变，以原来状态保存下来。完整实体化石是比较罕见的，常见的完整实体化石有琥珀化石与冰冻化石。

（2）非完整实体化石：非完整实体化石是相对于完整实体化石而言的。我们见到的实体化石中几乎是非完整实体化石。

02 模铸化石

模铸化石并不是生物体本身所形成的化石，而是生物体在沉积物上留下的各种印痕或者模型所形成的化石。模铸化石又可以分为以下4种。

（1）印痕化石：印痕化石是指生物在细碎的沉积物上留下其印痕所形成的化石。生物体的尸体完全消失，但印痕仍然存在，这些印痕能够保留生物的一些特征与信息。早期的软体动物留下的化石大多是印痕化石。

（2）印模化石：印模化石是指生物体的硬组织部分在沉积物和内部填充物上留下的印模所形成的化石。所以又可以分为内模化石与外模化石。内模化石反映的是生物体硬组织内部的纹理或构造，外模化石反映的是生物体硬组织外部的纹理或构造。

（3）核化石：核化石是指生物体的身体结构所形成的空腔或者生物体硬组织消失后所留下来的空间，被沉积物所填充之后形成的化石。同样分为内核化石与外核化石。

（4）铸型化石：铸型化石是生物体在沉积物中已经形成了外模化石与内核化石后，硬组织部分或完全消失并被另一种沉积物填充所形成的化石。

03 遗迹化石

遗迹化石也被称作痕迹化石，是指生物体存活时所留下的生命活动的痕迹或者遗物。可以分为五大类。

（1）动物痕迹化石：动物爬行的痕迹、足迹、身体各部分在柔软沉积物上留下来的拖迹所形成的化石。

（2）植物痕迹化石：植物的根系生长时留下的痕迹所形成的化石。

（3）生物侵蚀痕迹化石：生物体为了躲避危险、捕食猎物等，在沉积物中留下的钻孔痕迹所形成的化石。

（4）排出物化石：生物体的粪便、卵、胃石、肠石等所形成的化石。

（5）古人类工具及文明遗迹：古人类劳动所用的工具以及所建立文明的遗迹。

04 分子化石

分子化石也被称为化学化石，是由生物体有机物分子所遗留下来的，也被称为分子化石。因为这些有机物分子可以承载一定的生物信息，并且随着科学技术的发展，分子化石展现的生物信息远超我们的想象。现在古生物学家中有相当一部分人关注分子化石的研究，并且已经取得了许多重要的成果，对于我们更全面了解史前生命具有重要作用。

认识恐龙

恐龙的骨骼结构

想要更好地了解恐龙，我们需要对恐龙这一类生物有总体上的认知。古生物学上，对于一种已灭绝生物的认知，基本上来源于骨骼化石。所以，了解恐龙的骨骼结构是学习恐龙古生物学的基础。

古生物学研究史前生物的骨骼大多是通过与现生动物的骨骼对比来进行的。这是由于陆生脊椎动物具有同源性。简单地说，所有陆生脊椎动物都具有一个共同祖先，所以陆生脊椎动物的身体结构是有一定的相似性的，亲缘关系越近，相似性有可能越高。通过这样的方法，我们就能够比较快速地熟悉恐龙的骨骼结构以及身体设计蓝图。

01 头骨

我们可以将恐龙的身体划分成若干个部分，头骨便是其中之一。头骨是恐龙骨骼中十分好辨认的一个部分，但在野外化石发掘的时候，头骨化石相对较少，即使发现后保存的也不太完好。这是由于头骨的骨骼相对于其他部分来说更脆弱，尤其是头骨腭区及头颅骨部分，但牙齿化石大多保存得比较完好。很多人看到恐龙的头骨后，第一感觉认为恐龙的头骨结构十分复杂。但只要我们对头骨进行简单分析之后，就会了解其实头骨也并不复杂。

恐龙的头骨是对称结构，这大大减少了我们的认知难度。恐龙的头骨是由若干块小的骨头所组成的，这些骨头随着恐龙的生长会彼此连接在一起，我们称之为愈合。但在两块骨骼的连接处，能够明显地观察到有细线般的接缝，我们称之为缝合线。通过缝合线，我们可以十分清晰地区分不同骨骼。为了更好地认识头骨，我们将头骨划分为5个区域。

02 上颌及脸颊区域

恐龙的上颌及脸颊区域骨骼，可以简单地理解为恐龙头骨的侧面区域。这个区域占整个恐龙头骨的面积很大，包含的骨比较多，但认识起来是相对简单的。在恐龙上颌骨最前端的骨是前颌骨，前颌骨的后方往往存在着一个开孔，这个开孔是恐龙的外鼻孔，外鼻孔的上方是恐龙的鼻骨，在某些种类中，鼻骨特化成一些怪异的结构。继续向后，可以看到外鼻孔的后下方被一块骨包围，这块骨叫作颌骨，恐龙上颌骨上的牙齿都是着生在颌骨上的。所以，前颌骨、鼻骨与颌骨组成了恐龙外鼻孔的外缘。我们通过找到外鼻孔就能够比较轻松地发现这三块骨。

在颌骨上方我们还能够观察到一个孔，这个孔叫作眶前孔。眶前孔的上方前半部分被鼻骨包围，后半部分被另一块骨包围，这块骨我们称之为泪骨。所以眶前孔是由鼻骨、颌骨与泪骨包围所组成的。眶前孔能够有效地减轻恐龙头骨的重量，并且很多神经管、血管以及肌肉组织会从眶前孔穿过，伸到恐龙头骨的内部。在一些兽脚类恐龙中，出于捕食的需要，在眶前孔中还存在一个小的骨柱支撑，这个结构是为了增加强度，对抗捕猎时猎物挣扎所带来的压力。

在泪骨的后方又出现了一个开孔，这个开孔就是恐龙的眼眶。眼眶的下方，有一块长条状骨，并且在中间有一个凸起的尖端，这个骨是颧骨。眼眶后方的骨是眶后骨，从侧面看起来酷似“T”字形，眼眶主要是由泪骨、颧骨、眶后骨这三块骨组成的，但要注意在泪骨与眶后骨之间，还存在一块骨，这块骨大部分在恐龙头骨顶部，这块骨叫作额骨。眼眶的功能主要是存放眼球。

眼眶后方的眶后骨与另外一块骨组成了下颞孔的上半部分，而颧骨与其后方的方轭骨相连接，组成了下颞孔的下半部分。下颞孔是恐龙头骨上十分重要的一个开孔。下颞孔与上颞孔共同作为爬行动物双孔亚纲的典型特征。关于下颞孔的功能现在尚不明确，可能是为了减轻头骨重量，也有可能有很多重要的神经管与血管穿过下颞孔与颅骨相连接。颊部重要的肌肉也可能穿过下颞孔，着生在头骨顶部与下颌骨上。

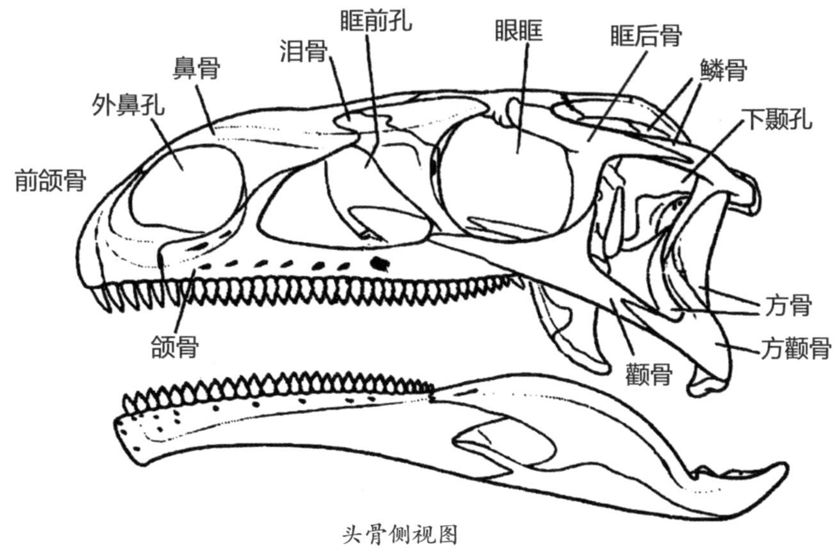

头骨侧视图

03 头骨顶部

恐龙的头骨顶部是一个十分简单的区域，由8块骨组成，这8块骨成对儿出现。最前面的是长长的鼻骨，它组成了恐龙鼻子的上部。鼻骨的后面就是宽大的额骨，额骨的外形看起来十分的平坦，主要用来保护内部的大脑与神经系统。在鼻骨与额骨的交界处，还能够观察到一小块骨，这个骨叫作前额叶。前额叶的一部分组成了眼眶的上缘。在额骨之后就是顶骨，顶骨位于头骨顶部的后方，并且与眶后骨、鳞骨组成了上颞孔。顶骨是保护内部颅骨的。在肿头龙类中顶骨与鳞骨愈合在一起，形成了圆拱形的厚重头骨，而在角龙类中，顶骨与鳞骨特化成了颈盾。

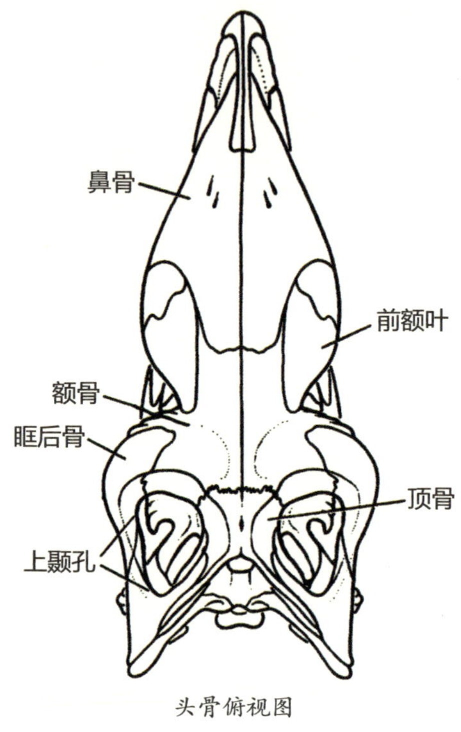

头骨俯视图

04 颅骨

颅骨是位于恐龙头骨内部区域的骨，是用来保护大脑的。恐龙的颅骨由20多块骨所组成，这些骨的形状各异，并且都相对比较小，而且结构复杂。恐龙的颅骨对于古生物学家来说是非常珍贵的研究材料，我们今天对于恐龙的大脑、感觉器官、智商等方面的研究基本上来源于对恐龙颅骨的研究。在颅骨的外壁上能够看到许多细小的孔，这些细小的孔是神经管生长的地方，包括视神经、嗅神经、舌咽神经、迷走神经、三叉神经、听觉神经等。颅骨后方是枕骨、外枕骨等一系列骨，在枕骨上有一个巨大的圆孔，我们称其为枕骨大孔，这个孔是脊椎内的神经进入颅腔的通道。

05 上腭区域

上腭区域是恐龙头骨中研究最少的区域。上腭区域位于恐龙口腔的上方，也就是我们人类口腔上牙膛的位置。由于这个区域内的骨骼比较薄，所以在形成化石的过程中，大多遭到破坏。上腭区域由6块骨组成，这6块骨中，5块都是对称出现的，只有犁骨是单独一块骨骼。犁骨位于上腭区最前端，是一个长条状骨，是腭区的支撑。犁骨在后面与腭骨相连，腭骨有三四个彼此分离的突起组成。腭骨后面是翼骨，翼骨在头骨内不与犁骨、颅骨等骨相连，十分重要。剩余的两块腭区骨最初都是软骨，体积比较小，并且位于头骨内部，在侧方靠在颅骨上，可能是为了支撑颅骨区域。

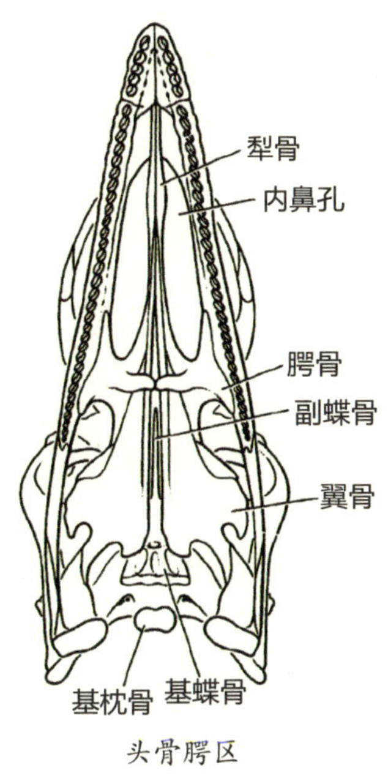

头骨腭区

06 下颌骨

相对于哺乳动物来说，恐龙的下颌骨要复杂一些。下颌骨最前端的是齿骨，某些鸟臀类恐龙在齿骨的前方还存在着一块很小的骨，叫作前齿骨。恐龙下颌骨上的牙齿着生在齿骨上。齿骨的后方有两块骨，上方的叫作上隅骨，下方的叫作隅骨。上隅骨与隅骨之间大多会存在一个孔，这个孔叫作外下颌孔，是主龙类生物的特征之一。隅骨与上隅骨共同组成了颌关节，与上颌骨连接，在肌肉的带动下完成咬合的动作。

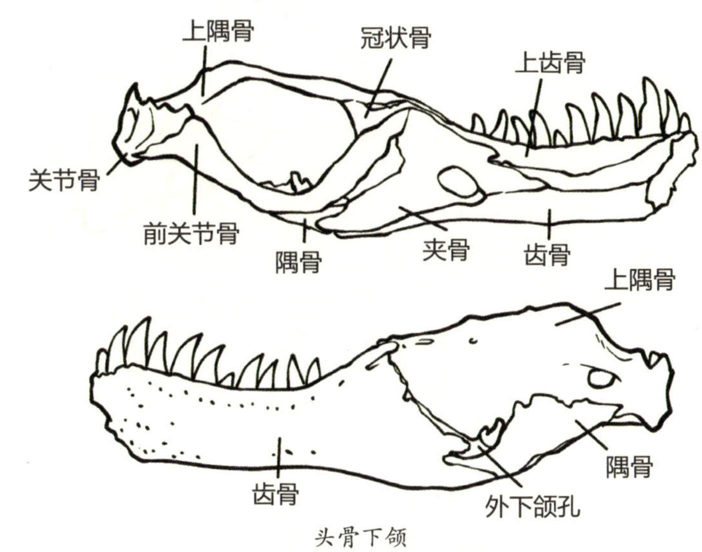

头骨下颌

07 中轴骨

恐龙的中轴骨可以理解为恐龙的脊椎骨。在颈部的叫作颈椎，在背部的叫作背椎，在腰带连接处的叫作荐椎，尾部的叫作尾椎。椎骨主要由两大部分组成，即上方的神经弓与下方的椎体。恐龙的颈椎相对来说是所有椎骨中最小的，但是蜥脚类恐龙拥有一个长长的脖子，它们的颈椎被极度地拉长，并且还将前面的几块背椎转化为颈椎，为了强化脖子的强度，在颈椎的两侧生长出了颈肋，用来辅助支撑。

恐龙的背椎与肋骨相连接，肋骨共同组成了一个桶状结构，将内部器官保护了起来，同时肋骨的收缩还能够帮助进行呼吸。肋骨在下方是腹膜肋，腹膜肋是由一系列交替排列的小的骨组成的。严格来说，腹膜肋并不与肋骨有直接的连接，在现生的鳄鱼身上仍然存在，但大多数现生爬行动物没有。

恐龙的尾椎数量很多，在恐龙的祖先身上有大约50块尾椎。但在兽脚类演化的路线中，恐龙尾椎的数量是逐渐减少的，一直到今天的鸟类只有一个短小的尾综骨。在恐龙尾椎的下方，存在一些看起来像是吊坠的骨，这些骨叫作脉弧。如果你仔细观察，脉弧的中间含有一个空隙，整个尾椎的所有脉弧组合起来，就形成了一个管状通道，这个通道是用来盛放血管与神经管的。

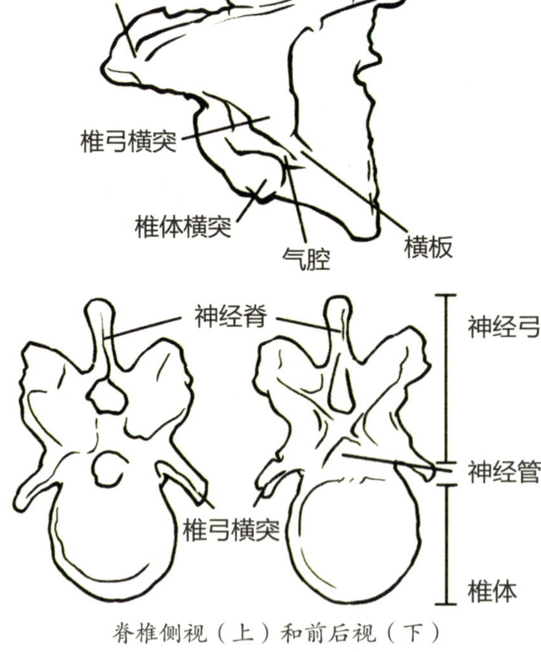

脊椎侧视（上）和前后视（下）

08 四肢骨

1. 前肢骨及肩带连接

恐龙的前肢骨与人类的前肢骨一样，在大臂处有1块骨骼，小臂处有2块骨骼。从上到下分别是肱骨、尺骨、桡骨。在尺骨与桡骨末端，与一系列复杂的腕骨相连接。大多数恐龙的腕骨与人类相似，能够灵活地翻动手掌，但在兽脚类进化路线中鸟类支系的恐龙的腕骨特化成一个奇怪的结构，允许它们的腕骨侧向折叠靠在身体两侧。与腕骨相连接的就是掌骨与指骨。恐龙的前肢与人类一样都是5根手指。但是在兽脚类恐龙中前肢的手指数也是逐渐减少的，它们的第4指与第5指退化，所以绝大多数兽脚类恐龙看起来前肢是3指。暴龙类手指数目更少，为2指，阿瓦拉兹龙类更是只剩下一根手指。这样的趋势在鸟类身上演化到了极致，现在鸟类的前肢已经演化成翅膀。

恐龙的肩带连接相对简单。由两块大的骨骼组成，分别是肩胛骨与乌喙骨，锁骨也参与了肩带的组成，但所占比例较小。肩胛骨要比乌喙骨大得多，肩胛骨看起来像是一块长条状骨，它靠在肋骨的外侧上。乌喙骨是一个厚重的骨，形状大多为方形或者半圆形，看起来就像一个飞盘。肩胛骨与乌喙骨的连接处较为平滑，并且有一个深陷的窝，这个窝是用于与肱骨头相连接的。

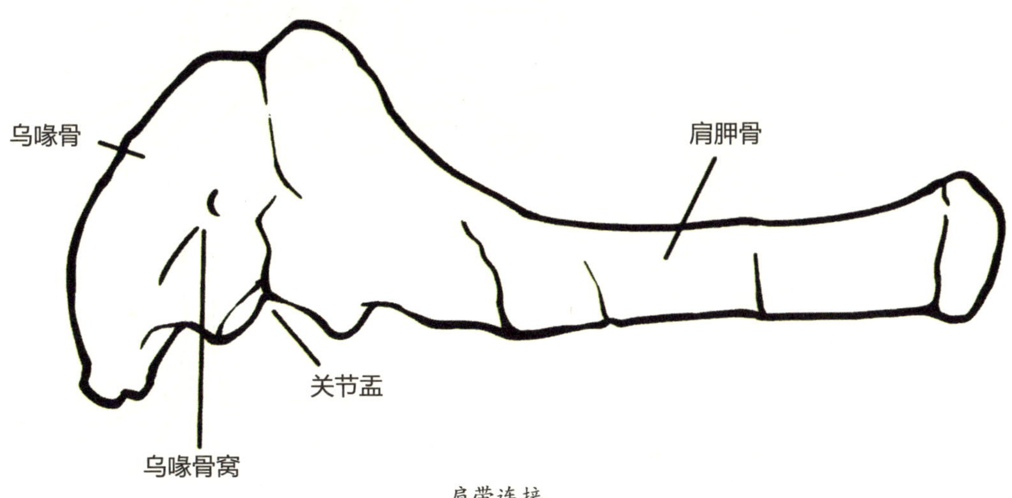

肩带连接

2. 后肢骨及腰带连接

恐龙的后肢骨构造与前肢骨一样。最上方的是股骨，股骨下方与胫骨、腓骨相连接。恐龙与人类不同，没有膝盖骨。胫骨的体积要大于腓骨，尤其是在兽脚类恐龙身上，胫骨的大小远远超过了腓骨，最进步的兽脚类恐龙的腓骨几乎变成了一根竹签靠在胫骨上，今天鸟类腓骨的末端已经与胫骨发生了愈合。在胫骨与腓骨的下方是跗骨，跗骨同样是一系列骨骼的统称，其中上方跗骨中有两块骨叫作跟骨与距骨。胫骨、腓骨与跟骨、距骨组成了踝关节的大部分。我们就是依靠踝关节的形态来对主龙类进行区分的。跗骨再下面就是跖骨，兽脚类恐龙的跖骨发生了特化，它们的跖骨紧紧地靠拢在一起，形成一个在功能上统一的复合体。跖骨之后是趾骨，恐龙的脚趾骨同样也是5个，但是由于快速奔跑的需要，兽脚类恐龙的第1趾骨很细，几乎不着地，第5趾骨几乎完全退化。所以看起来就像是只有3根脚趾一样。

恐龙的腰带连接十分重要，因为这是我们对恐龙分类的重要依据。恐龙的腰带骨由3块骨组成：最上方的是肠骨，下方的是耻骨与坐骨。两块肠骨中间固定着荐椎，耻骨与坐骨向下方延伸能够在末端相遇。相对来说，耻骨要比坐骨细小很多，看起来就像是个短棒。在暴龙类中，耻骨与坐骨在末端都出现了一个膨大的突起，我们称之为耻骨靴与坐骨靴。而在鸟臀类恐龙中，耻骨与坐骨靠在一侧，向后延伸，同时在耻骨前端形成一个特化的突起，我们称之为耻骨前突。

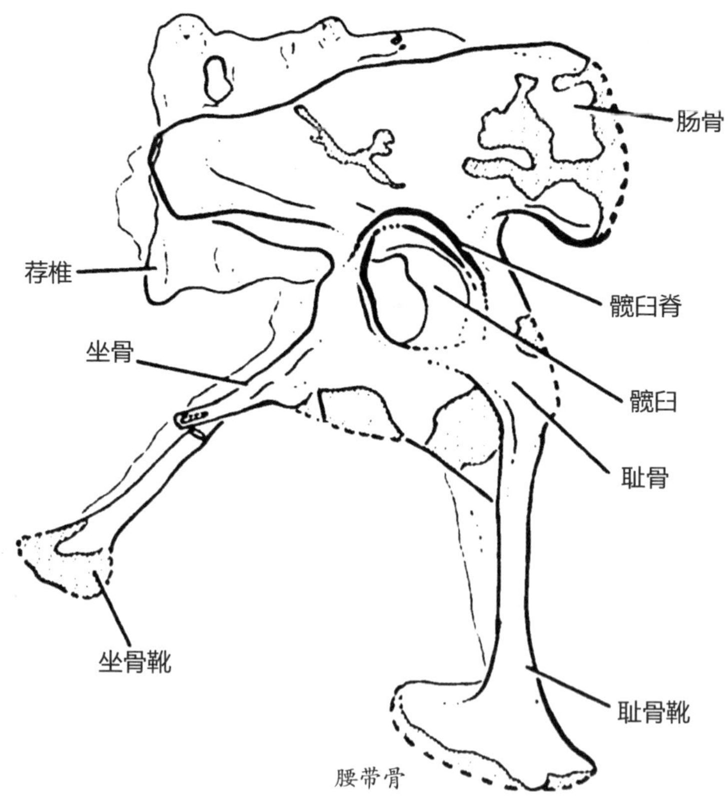

腰带骨

恐龙的鉴定特征

01 颧骨的末端有一个分叉结构与方轭骨相连接

在恐龙脸颊区域，眼睛的下方是颧骨，在颧骨的后方，它与方轭骨相连接。在其他主龙类与西里龙类中，这个颧骨的后方连接逐渐变细，与方轭骨相连。而在恐龙类中，这个颧骨的末端形成了一个分叉状的结构，插入方轭骨内紧紧地扣住方轭骨。推测这个结构是为了加强颧骨与方轭骨之间的关节，从而产生更强大的咬合力。

02 肱骨上存在一个宽大的三角脊

恐龙的三角脊位于前肢上半部分的肱骨上，这个位置是与胸肌相连接的部位，宽大的三角脊能够附着更强大的胸肌，从而带动前肢的运动。相对于其他动物来说，恐龙的三角脊占肱骨长度的30%~40%，并且更加平坦。看起来就像是在肱骨上面又插上了一块板子一样。其他的主龙类三角脊没有这么宽大，并且主要集中在肱骨的前端。

03 股骨上存在不对称的第四转子

主龙类生物的股骨上都存在第四转子，不过主龙类的第四转子都只是一个微小的突起，坐落于股骨的后面。恐龙的第四转子是一个不对称的脊状突起，并且几乎一直延伸到股骨末端，随着接近股骨末端这个脊状突起变得更加陡峭。这可能使恐龙拥有更为强壮的尾股肌，这样的结构可以使它们的后肢更有力。

04 腰带骨上存在开放式的髋臼

髋臼是腰带骨与股骨连接的关节面，股骨头会深深地嵌到髋臼窝里。但是恐龙的髋臼与其他主龙类不同，其他主龙类的髋臼较浅，左右髋臼彼此之间存在骨质的“墙壁”，将两个髋臼分开。而恐龙的两个髋臼相连，形成了一个孔洞，我们称之为开放式髋臼。但要注意除恐龙类之外，与恐龙亲缘关系最近的马拉鳄类与西里龙类也具有开放式髋臼，它们的肠骨下边缘看起来比较平直，我们称之为初步开放式髋臼，恐龙的肠骨下边缘则向上凹。初步开放式髋臼代表了向恐龙开放式髋臼演化的过渡阶段。虽然存在一些个例，但开放式髋臼仍然能作为鉴定恐龙的重要依据之一。

恐龙的髋臼

恐龙的系统发育位置

要想对恐龙更为了解，我们需要弄清楚恐龙类在整个爬行动物家族中的位置。这对我们理解很多问题有着极大的帮助。

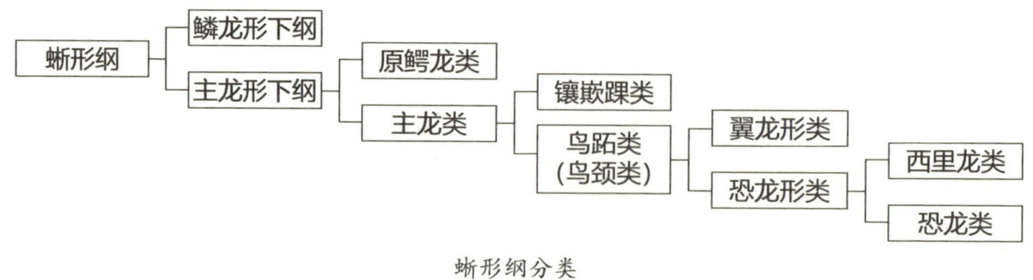

蜥形纲分类

恐龙的分类

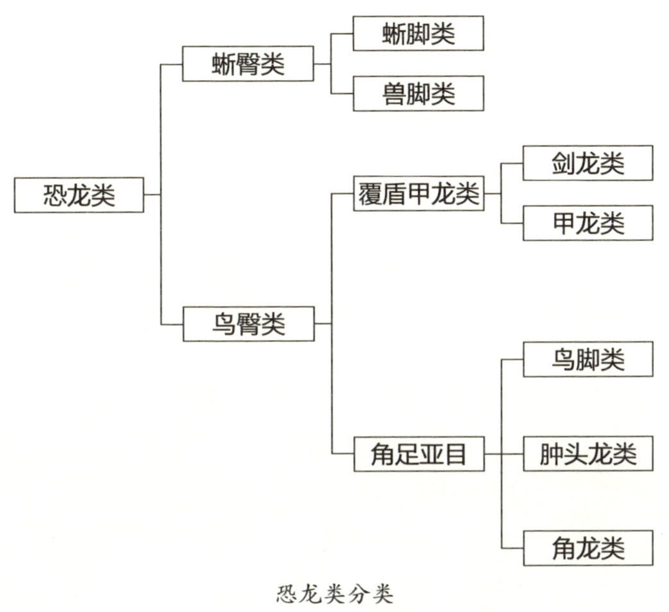

恐龙类分类

01 兽脚类

兽脚类恐龙在整个恐龙家族中可以说是人类研究得最透彻的一类。这可能跟它们家族中存在很多明星物种有关，毕竟几乎所有的有关恐龙的影视作品中，都少不了它们的身影。兽脚类恐龙在公众心目中的形象大多是如霸王龙一般，是庞大凶残的顶级掠食者，又或是如迅猛龙那样狡猾的群体性猎手。但实际上兽脚类恐龙的家族远不止如此，它们当中还包含很多其他食性的类群，有一些捕食鱼类，有一些挖掘昆虫，甚至有一些类群完全舍弃了食肉的习性改为植食性。它们的身体结构也发生了相应的变化。

基位兽脚类

埃雷拉龙科

埃雷拉龙科恐龙的身体结构非常相似。它们的骨骼轻巧；头部较大，头骨长而低平，呈亚矩形；身形狭窄但却相当强壮；牙齿带有锯齿、非常锋利。颈部长度适中，呈“S”形弯曲；尾巴较长。前肢和前掌长度适中，前掌有5指，第4、第5指尚未完全退化，这是非常原始的兽脚类恐龙的特征，腰带短而深，后肢有5个明显的脚趾，其中4个是承重脚趾。后期的绝大部分兽脚类恐龙拥有与埃雷拉龙类相类似的身体外形，但手指数目减少是兽脚类演化的整体趋势。

始盗龙科

始盗龙与埃雷拉龙都是三叠纪晚期的恐龙，被认为是最早的恐龙之一。化石发现于南美洲阿根廷卡尼期地层中。始盗龙看起来与埃雷拉龙很相似，由于始盗龙的化石保存得相对完好，所以对于它们的研究也是比较透彻的。始盗龙的身体结构类似于兽脚类恐龙，但牙齿形态还保留着植食性的特征，前掌同样具有5根手指，所以有一部分古生物学家认为始盗龙比埃雷拉龙更为原始。

曙奔龙科

曙奔龙同样是三叠纪末期的恐龙，目前只有一个模式种：墨氏曙奔龙。曙奔龙的化石保存较为完好，同样出土于南美洲的阿根廷，曙奔龙可能是介于基位兽脚类与新兽脚类之间的一个类群。

基位兽脚类

新兽脚类

腔骨龙超科

腔骨龙超科包含两个演化支：腔骨龙科和双脊龙科。也有一些学者认为双脊龙科比腔骨龙科更为进步，不应该划分到腔骨龙超科里面去，应该作为鸟吻类的姐妹类群。

腔骨龙科：腔骨龙类的骨骼轻巧，头骨长且吻部尖而狭窄，上颌骨的前部经常出现一个凹入的特征，脖子较长，尾巴细长，牙齿锋利。前肢和手指中等长度，爪的大小适中，腰带骨较大。最早的腔骨龙超科成员是三叠原美颌龙和坎普龙。来自中国的禄丰盘古盗龙、南非的罗德西亚腔骨龙都属于腔骨龙科。之后又发现了理理恩龙与恶魔龙，这两类恐龙位于腔骨龙科与双脊龙科之间，不过也有人将它们归于腔骨龙科。

双脊龙

双脊龙科：吻部上往往有成对的冠脊，体型较腔骨龙类更为粗壮，鼻冠很大。双脊龙科恐龙的体型为中到大型，种类较少。包括魏氏双脊龙、瑞氏龙猎龙。与鸟吻类一样，有着相同的前上颌骨，颌骨的牙齿减少。无论是双脊龙科还是腔骨龙科，它们都在侏罗纪的早期灭绝了。

鸟吻类

鸟吻类包括了两大演化分支：角鼻龙下目和坚尾龙类。已知最早的鸟吻类是来自侏罗纪早期，并且在全球广泛分布。与中国双脊龙、南极洲的冰脊龙、非洲的柏柏尔龙以及南美的塔奇拉盗龙生活在一起。

角鼻龙下目

角鼻龙下目还有两个演化支：角鼻龙科与坚尾龙类。

角鼻龙科包含两个分类单元，分别是角鼻龙属和锐颌龙属。角鼻龙科是大型的兽脚类恐龙，上颌骨上的牙齿极大地伸长，具有愈合的鼻骨角和两个泪骨突，背部的中间有皮内骨突起，它们的前肢较短，具有4指，脊椎往往是平顶的，腰带骨很大，呼吸系统与鸟类似，十分发达。在侏罗纪晚期的北美、欧洲、南美洲和非洲的生态系统中，角鼻龙科与斑龙科和异特龙科的成员是当时的顶级猎食者。

角鼻龙下目的另外一个成员是阿贝利龙超科。阿贝利龙超科有两个下级分支：西北阿根廷龙科和阿贝

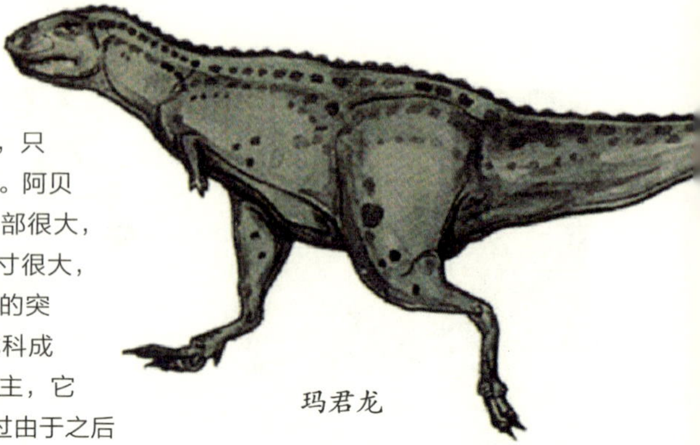

利龙科。西北阿根廷龙科是一个相对不为人知的类群，体型较小，身材细长，前肢有着极发达的爪子，只在白垩纪被发现过，其中最著名的是马达加斯加恶龙。阿贝利龙科有着大量的成员，它们的体型为中、大型，头部很大，短而深，下颌骨细长，牙齿短粗，结节鳞片平坦、尺寸很大，有着短粗的前肢，又短又圆的鼻子，头骨上有着骨质的突起和微微向后弯曲的牙齿。第一个被确定的阿贝利龙科成员是始阿贝利龙。阿贝利龙科并不是白垩纪时期的霸主，它们与大型的棘龙科和鲨齿龙科成员一同统治大地。不过由于之后棘龙科与鲨齿龙科的衰落，阿贝利龙科成了当时顶级的猎手。阿贝利龙科中出名的是玛君龙、奥卡龙、蝎猎龙、食肉牛龙、胜王龙和阿克猎龙。

玛君龙

坚尾龙类

坚尾龙类是由基位坚尾龙类、斑龙超科以及鸟兽脚类所组成。兽脚类恐龙中的绝大部分属于坚尾龙类，“坚尾”的意思是坚硬的尾巴。早期兽脚类恐龙的后肢肌肉与其尾巴中部相连接，所以走起路来会左右摇摆。但坚尾龙类股骨与尾巴之间的肌肉经过演化缩短，所以尾巴变得更为僵硬、不灵活，但在奔跑时能够辅助方向的改变。

斑龙

斑龙超科

斑龙超科分为3个分支：皮亚尼兹基龙科、斑龙科和棘龙科。其中皮亚尼兹基龙科是斑龙科的姐妹类群。皮亚尼兹基龙科由马什龙属、皮亚尼兹基龙属和神鹰盗龙属组成。这些都是基础的斑龙类。

斑龙超科是一类进步的兽脚类，主要分布在中、晚侏罗纪，在侏罗纪与白垩纪交替时灭绝。它们的体型为中到大型，头骨相对细长且大，牙齿结实，强有力的前肢上有着巨大的爪子，腰带骨宽而浅。到目前为止发现的最早的兽脚类胚胎化石就是来自斑龙超科的。斑龙类早就被人们所知道，如大龙属、多利亚猎龙、斑龙、迪布勒伊洛龙、非洲猎龙属、犍为乐山龙、蛮龙属和似松鼠龙。其中似松鼠龙化石是目前最完整的斑龙超科化石。

棘龙科是斑龙科的姐妹类群，是一类高度特化的兽脚类。头骨拉长像鳄鱼一样，上颌骨的齿槽边缘呈“S”形，下颌末端膨大，牙齿呈圆锥状，眼眶上方有小型的突起物，下颌向外弯曲，爪子发达，爪上有3指，爪呈大钩子形。这些特点表明棘龙科的恐龙可以以鱼类为食，当然它们也吃其他恐龙或翼龙。棘龙科是体型巨大的兽脚类恐龙，可以说是最大的陆生捕食者，有着高高的骨质背脊（埃及棘龙、渔猎龙属）。目前，最早的被确定的棘龙科成员是产自英国的重爪龙，除此之外，其他的著名的棘龙类还有似鳄龙。在棘龙科成员中，最为进步的是埃及棘龙，最近的研究表明，这一物种对于半水生的生活有着多样的适应性。棘龙科被认为在晚白垩纪的早期灭绝。

鸟兽脚类

鸟兽脚类包括两个主要的分支异特龙超科和虚骨龙类。

异特龙超科恐龙是晚侏罗纪到早白垩纪晚期地球上的霸主，目前可以分为四个分支：中棘龙科、异特龙科、新猎龙科和鲨齿龙科。其中，中棘龙科是最原始的。已知比较有名的有中华盗龙、上游永川龙。这些物种的化石保存得非常完整，前上颌骨孔比上颌骨孔更大，吻部上缘有成对的脊。在英国发现的中棘龙是目前唯一一种非亚洲的中棘龙科成员，暹罗暴龙是唯一存活到白垩纪的中棘龙科成员。

异特龙科是异特龙超科中比较进步的一类，是鲨齿龙科的姐妹类群，也是坚尾龙类的一个小类群。异特龙科成员是中到大型的兽脚类，有着发达的泪骨突，是晚侏罗纪北美与欧洲的顶级猎食者之一。

鲨齿龙科可以分为两个下级分类：新猎龙科和鲨齿龙属。不过新猎龙科是否是一个单独的分支，现在还存在争议。鲨齿龙科是有着大量体型巨大成员的兽脚类恐龙分支，它们的耻骨前端进一步膨大，前肢退化。最早的鲨齿龙科成员出现在白垩纪，鲨齿龙科是异特龙超科中最为进步的一支。由于体型十分巨大，鲨齿龙科恐龙是白垩纪中期的顶级霸主。保存最完好的鲨齿龙科化石是产自西班牙的昆卡猎龙、阿根廷的魁纣龙以及出自北美洲的高棘龙、南方巨龙（南方巨兽龙）、马普龙。在我国发现的假鲨齿龙有可能将鲨齿龙科的生存时间延长至白垩纪晚期。

异特龙

虚骨龙类

虚骨龙类的演化分支有很多，包括多样性的植食性恐龙与肉食的非鸟兽脚类，当然也包括鸟类。虚骨龙类与原始的兽脚类不同之处在于，上颌骨上具有反转的方轭骨，呈“L”形，以及两片扁平的颈椎和前背椎骨。虚骨龙类相互之间的关系非常复杂，最早的虚骨龙类诞生在亚欧大陆上，尽管在中国的侏罗纪早期地层中发现了疑似虚骨龙类的化石，但现在的研究认为暴龙超科恐龙是虚骨龙类最原始的分支类群（暴龙超科发现了很多原始的虚骨龙类）。由于雷克斯暴龙在恐龙当中的标志性地位以及暴龙超科存在数量众多的品种，暴龙超科是研究最多、名声最广的非鸟兽脚类。近几年发现了大量的暴龙超科成员，有原始的，有进步的，极大地丰富了这个类群的多样性。

暴龙超科

暴龙超科的体型差异很大，从小型到巨大型都有，前上颌骨上的牙齿明显小于上颌骨前面的牙齿，横截面呈“U”形。前上颌骨较小，拉长的鼻骨和上颌骨，鼻骨愈合，这些都是暴龙超科恐龙的特点。在我国发现的几个保存完好的暴龙化石揭示了这一类群由小到大的演化过程。在暴龙超科中奇异帝龙和羽王龙身上都发现了丝状的覆盖物。

暴龙超科分为3个分支：原角鼻龙科、大盗龙科、暴龙科。其中最基础的一支是原角鼻龙科。包括原角鼻龙、五彩冠龙以及最年轻的成员喀左中国暴龙。暴龙类也在北美的晚白垩纪被发现过，如伤龙属、阿巴拉契亚龙、王龙等，基于一具相对完整的未成年的大盗龙属成员化石的研究指示，大盗龙属是由原始的暴龙类向较为进步的原角鼻龙科进化的过渡阶段。它们遍布全球，包括福井盗龙、南方猎龙、气

腔龙等。大盗龙属一直延续到了白垩纪末期。

暴龙科是最进步也是最大的暴龙超科成员，是白垩纪北美、亚洲的顶级猎食者，咬合力强大，视觉发达，嗅觉灵敏。在个体发育时生长速率快，并伴有特征性变化。暴龙科的颞区有侧开的结实的棒状结构，这个结构能够进一步加固头骨，头骨的后半部是一个能附着强大的颌肌的宽阔的盒状区域。它们的视线部分向前，可能拥有立体视觉。布满皱纹的吻部有中线脊，脊板上可能有内孔。眼眶上方有小眉角或眉板。吻部前面更为宽广丰满，支撑着“U”形的颌骨，牙齿非常结实，而且形状更为接近圆柱形，下颌骨很深，尤其是后半部。脖子非常强健，肌肉发达。躯干短粗，尾巴比其他的大型兽脚类恐龙更短、更轻。尾巴和前肢退化，腿部增大变长，鳞片较小。未成年个体的骨骼非常纤细，随体型增大，骨骼逐渐变得粗壮，但基本特征保持不变。暴龙科成员有很多明星物种，如艾伯塔龙、蛇发女怪龙、惧龙、雷克斯暴龙、特暴龙等。

暴龙

美颌龙科

美颌龙科的颈部较长，尾巴很长，因为拇指和爪都异常粗壮结实，而其他指细长，所以前掌非常不对称，耻骨前端膨大，腿比较长。美颌龙科包括侏罗猎龙、美颌龙、东方华夏颌龙、中华丽羽龙、中华龙鸟、极鳄龙、棒爪龙等。对美颌龙科的摄食行为研究得最为透彻，因为有两个标本中有胃容物的存在。美颌龙科的食物来源非常广泛，鱼、蜥蜴、非鸟兽脚类、原始鸟类、原始哺乳动物都可捕食。和原始的坚尾龙类一样，美颌龙科体表覆盖着丝状物质（中华龙鸟、侏罗猎龙），表明原始的羽毛已经部分或广泛地存在于原始的虚骨龙类身上了。

手盗龙形类

手盗龙形类包括似鸟龙下目以及手盗龙类。

原始的似鸟龙下目成员的下颌骨长有大量小圆锥形的牙齿，中等进步类群的牙齿在上颌骨前方，进步类群则完全没有牙齿，仅有一些横向结构用于过滤食物。它们的身体不是特别强壮；头部较小，浅而且窄；喙部较浅而且比较钝；脖子长而纤细；前肢和手修长，腿长，脚爪上的脚趾短。一些进步的似鸟龙类身体上覆盖着丝状羽毛，前肢上生长着带有长轴的羽毛，看起来就像翅膀。

似鸟龙类起源于早白垩纪原始的虚骨龙类。最古老、最原始的似鸟龙类是恩奎巴龙属和似鹈鹕龙（牙齿最多的兽脚类恐龙）。较为进步的类群有轻翼鹤形龙、东方神州龙、似鸟身女妖龙。没有牙齿的似鸟龙类只在上白垩统的亚洲和北美被发现过，比较著名的是似金翅龙、董氏中国似鸟龙、似鸟龙、似鸵龙、似鸡龙和恐手龙属。恐手龙属是一种大型的杂食似鸟龙类，拥有比较高的背脊，前肢拉长，后肢较短，是在近几年被划分到似鸟龙类当中的。恐手龙属包括北山龙属、似金翅龙、恐手龙等。与似鸟龙、似鸡龙和似鸵龙这样的奔跑健将相比，恐手龙跑得没有那么快。

手盗龙类

阿瓦拉兹龙科

手盗龙类的基础分支是阿瓦拉兹龙科。阿瓦拉兹龙科恐龙是一种小型的兽脚类，修长而低矮的头骨上有着较大的孔，前肢上有3根手指，第2、第3指缩小，有些进步的种类甚至消失。最原始的阿瓦拉兹龙科恐龙是产自我国的简手龙。阿瓦拉兹龙类主要分布在晚白垩的美洲、亚洲和欧洲。它们前肢的第一指用于挖掘。比较熟知的成员有巴塔哥尼亚龙、张氏西峡龙、临河爪龙、单爪龙、鸟面龙、角爪龙等。

镰刀龙科

镰刀龙的体型跨度很大，从小型到比较巨大的都有。它们的头部较小，下颌骨中部没有额外的关节；牙齿也很小，呈叶形，没有锯齿结构；有着修长的脖子；手臂长而强壮，并且有着巨大的爪子；躯干倾斜向上，向后弯曲，因此腰带骨和尾巴保持水平；腹部和骨盆宽大，身体相对垂直站立。主要分布在白垩纪的北美和亚洲。在我国云南禄丰发现的峨山龙有可能将这一分支出现的时间提前到下侏罗统。不过峨山龙的时代与大多数原始的镰刀龙类不同，所以这一说法还需要进一步验证。目前最原始的成员是铸镰龙。在我国辽西发现的义县建昌龙和意外北票龙是两个原始的镰刀龙类，比铸镰龙稍进步一点，身披丝状羽毛，这表明大部分镰刀龙类拥有原始羽毛。比较熟知的镰刀龙类还有阿拉善龙、懒爪龙、死神龙、慢龙和内蒙古龙。

廓羽盗龙类

廓羽盗龙类又被分为窃蛋龙下目与近鸟类。

窃蛋龙下目的体型由小型到大型都有。它们的头骨很短，头骨高度气腔化，呈近似三角形，大多数发育成熟的成年个体都有头冠，吻部短，有像鹦鹉般的嘴，上颌腭骨有锯齿状明显的、向下指的腭突，前肢有细长的手指，尾巴很短，肋骨上有钩突，有骨化的胸骨板和骨化的胸肋，耻骨平伏。主要分布在白垩纪的亚洲和美洲。这一分支的成员有一部分是完全植食性的，并且有像鸟类一样的孵蛋姿势，与似鸟龙下目一样，窃蛋龙类的牙齿随着演化逐渐减少。最主要的分支是近颌龙科（无牙），切齿龙是近颌龙科中最基础的；同期还有比较进步的邹氏尾羽龙、似尾羽龙，它们的前肢上有羽毛，表明窃蛋龙类的身体带有羽毛，不过它们并不能飞翔。

尾羽龙

近鸟类

近鸟类又被分为恐爪龙类与鸟翼类。恐爪龙类分为驰龙科和伤齿龙科，它们都有镰刀状的爪子，第二指高度发达。恐爪龙类的成员很多。研究发现：伤齿龙类比驰龙类更接近于鸟类。

驰龙超科

驰龙类是唯一确定的肉食手盗龙形类（嗜鸟龙类是一个例外），驰龙类的体型由小到大都有，广泛分布于白垩纪的各个大陆上。虽然在侏罗纪晚期的欧洲发现了单独的属于驰龙分支的牙齿化石，但仍有大量的证据证明驰龙科在侏罗纪时期就已经出现了。

很多化石表明驰龙科成员的身上有着丝状羽毛，并且至少有2个科的驰龙类发展出了四翼形态，就像鸟类一样。

驰龙类可以分为3个分支：小盗龙亚科、伶盗龙亚科和驰龙亚科。小盗龙亚科的体型很小，具有滑翔或半飞行的能力。小盗龙亚科化石保存最好的地区是我国辽宁，其中小盗龙、中国鸟龙、天羽盗龙和长羽盗龙都很著名。伊氏西爪龙是最年轻的小盗龙类，同时也是唯一在中国以外发现的小盗龙类。

伶盗龙亚科包括北美、亚洲和欧洲的驰龙类，比较著名的是蒙古伶盗龙、蒙大拿恐爪龙和斑比盗龙，其中巴拉乌尔龙是唯一在欧洲发现的确定的伶盗龙类。

驰龙亚科是驰龙超科的最后一个分支，体型从小到大都有，这一分支由北美的驰龙类组成，有犹他盗龙、驰龙、野蛮盗龙等。阿基里斯龙的发现证明了驰龙亚科在晚白垩的亚洲中部出现了。

恐爪龙

伤齿龙科

伤齿龙类是一种轻巧的手盗龙类，是其中脑部发育水平最好的，方骨向后倾斜，下颌骨有大量小但排列紧密的牙齿。伤齿龙在白垩纪的亚洲、北美和欧洲出现。不过也有人认为在侏罗纪晚期的中国就已经有伤齿龙类了，因为在我国发现了很多与伤齿龙类有亲缘关系很近的物种，比如赫氏近鸟龙、郑氏晓廷龙和中国羽龙。在侏罗纪晚期的北美和葡萄牙发现的单独的牙齿化石也被认定是伤齿龙类的。美丽伤齿龙是最为人所熟知的、最早发现的伤齿龙类。保存最完好的伤齿龙类化石都出自亚洲，它们当中有巨齿曲鼻龙、张氏中国猎龙、杰氏拜伦龙、戈壁猎龙、蜥鸟龙和札纳巴扎尔龙。

几十年来，最原始的鸟类被认定为始祖鸟，但从后来发现的近鸟类的系统发育分析来看，始祖鸟的系统位置变得不再肯定，当然现在还是普遍认为它是最原始的鸟类，当我们将始祖鸟划分为恐爪龙类时，它与伤齿龙类和驰龙类关系密切，而划分为鸟型兽脚类比曙光鸟和近鸟龙更为进步。非鸟兽脚类与鸟型兽脚类的区别非常微妙，如擅攀鸟龙科在廓羽盗龙类中的地位就不明确，这一分支只有几个物种（树息龙），最完整的化石是胡氏耀龙、足羽龙。

兽脚类
基位兽脚类
始盗龙科
埃雷拉龙科
曙奔龙科
新兽脚类
腔骨龙超科
双脊龙科
腔骨龙科
鸟吻类
角鼻龙下目
角鼻龙科
阿贝力龙科
坚尾龙类
斑龙超科
皮亚尼兹基龙科
斑龙科
棘龙科
鸟兽脚类
异特龙超科
中棘龙科
异特龙科
异特龙属
鲨齿龙科
新猎龙属
鲨齿龙属
虚骨龙类
暴龙超科
原角鼻龙科
大盗龙科
暴龙科
美颌龙科
侏罗猎龙属
美颌龙属
手盗龙形类
似鸟龙下目
恐手龙属
似鸟龙属
手盗龙类
阿瓦拉兹龙科
镰刀龙科
廓羽盗龙类
窃蛋龙超科
近颌龙科
窃蛋龙科
近鸟类
恐爪龙类
驰龙超科
伤齿龙科
鸟翼类
擅攀鸟龙科
鸟纲

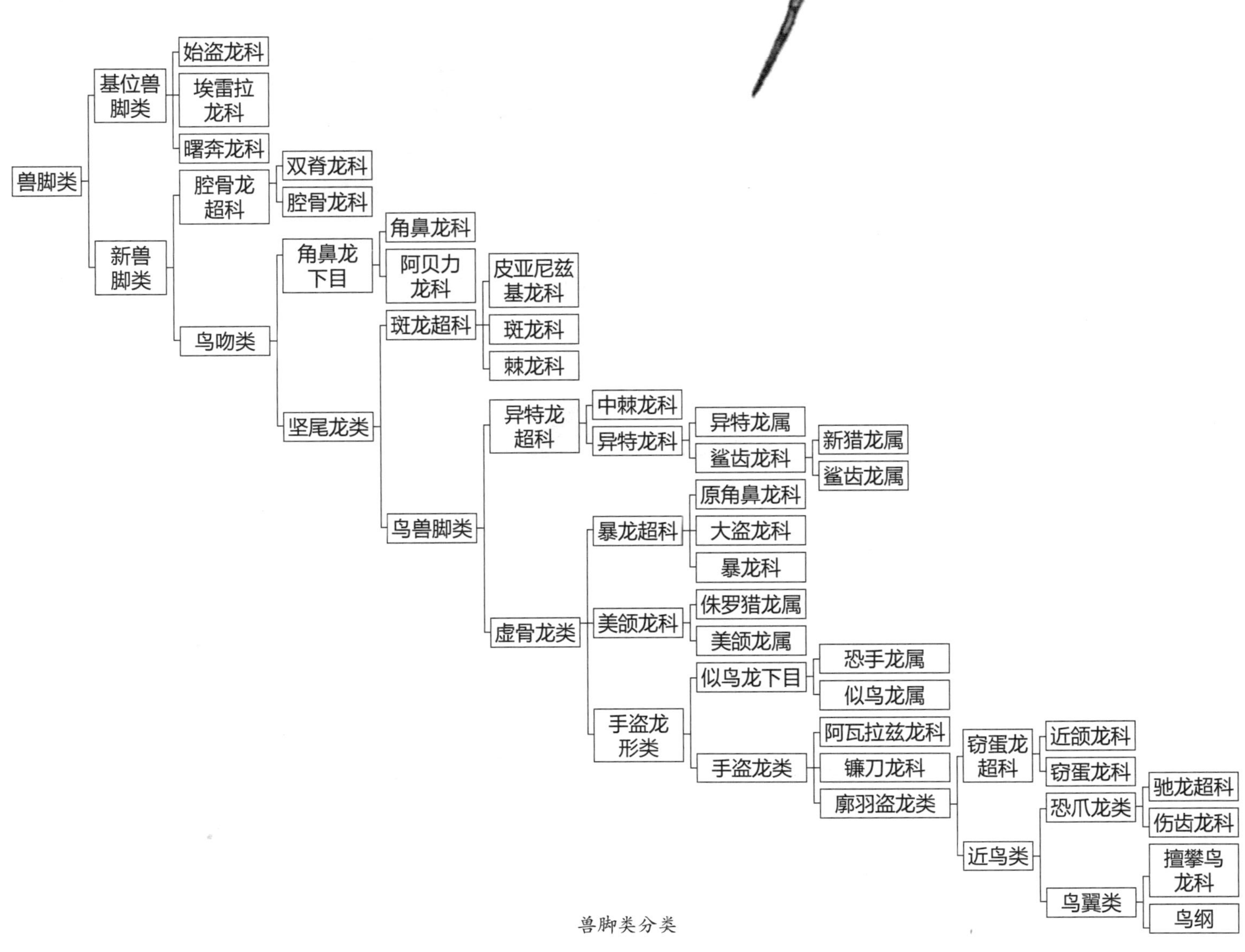

兽脚类分类

02 蜥脚型类恐龙家族

蜥脚型类的演化

出于便于公众理解的目的，我们将恐龙分为蜥臀类与鸟臀类两大类。它们各自又可以继续细分。在古生物学中，一个支系中包含很多小的支系，其中有一些很原始，有一些则相对进步。原始的种类大多位于系统发育树的节点附近，我们称之为基位。位于这个位置的生物身体结构上包含很多原始特征。

蜥脚类恐龙是恐龙家族中的重要成员，以庞大的身躯而著名。但早期的蜥脚类恐龙祖先却没有它们的后代这般巨大，并且包含很多类群。

基位蜥脚型类

1. 槽齿龙属

槽齿龙属是生活在三叠纪末期的早期恐龙之一，这时的地球还处于被镶嵌踝类所统治的时期。但最早的蜥脚型类恐龙取代了二齿兽类，成为当时植食性动物中的优势类群。槽齿龙最早被划分为原蜥脚类，但后来经过详细的解剖学对比后，将它归为基位蜥脚型类。槽齿龙的体型较小，体长约1.2米，是一类两足行走的恐龙。它们的牙齿呈叶状，且位于齿槽内，因此而得名。

2. 原蜥脚类

原蜥脚类恐龙是蜥脚类恐龙中比较早期的类群，它们主要生活在三叠纪晚期到侏罗纪早期。绝大多数的原蜥脚类恐龙仍保持两足行走的姿态，但身体结构上的特征显示，它们已经具备后来蜥脚类恐龙承重型四肢结构的雏形了。原蜥脚类恐龙在三叠纪末灭绝中受到打击，很多类群灭绝，但有3个属存活到了侏罗纪中期：禄丰龙、云南龙、砂龙。

农神龙：非常原始的一类蜥脚型类恐龙，身体的结构上同样具有某些兽脚类恐龙的特征，所以分类位置很难确定，学术界尚有争议。农神龙的身体不同于其他蜥脚型类恐龙，外形纤细，依靠两足行走，由于化石稀少，我们对于农神龙的了解还不多。

板龙及其近亲：板龙类是一个庞大的家族，里面有很多我们熟悉的恐龙。我们所说的板龙是指板龙科的恐龙。它们从三叠纪末期到白垩纪早期都有成员在地球上活动。板龙的化石主要发现于欧洲，它们的前肢还具备一定的抓握能力，可能是帮助取食的。我们熟悉的禄丰龙就是板龙家族中的一员。

里奥哈龙类与大椎龙类：里奥哈龙类与大椎龙类共同组成了大脚类恐龙，大脚类是板龙类中的一个类群。不同于早期蜥脚型类恐龙大多是二足行走，里奥哈龙则是四足行走的。它们的前后肢长度非常近似。它们的身体结实，为承重型身体，后肢骨骼粗壮且密度大。里奥哈龙的颈椎骨具有中空结构，可

板龙

能是为了减轻脖子的重量。虽然里奥哈龙类与大椎龙类脖子与尾巴的长度远比不上后期的蜥脚类恐龙，但在当时已经算是很长的了。

3. 蜥脚类

最早的蜥脚类恐龙化石发现于南非晚三叠世地层中，在晚三叠世和早侏罗世辐射。

基位蜥脚类：包括在南非发现的雷前龙、津巴布韦的火山齿龙、我国境内的蜀龙以及在印度发现的巨脚龙等。这些原始的蜥脚类具有4个已经愈合的荐椎，它们的股骨笔直，胫腓骨的远端似乎没有跗骨的存在，这些特征可能都是由于它们巨大的体重所带来的特化。后期的蜥脚类恐龙同样具备这些特点。

马门溪龙科：以出土于我国境内的晚侏罗世马门溪龙为代表。这类恐龙身上除具有蜥脚类恐龙的特征外，它们的脖子占身体的比例是所有蜥脚类中最长的。

蜥脚类

新蜥脚类

新蜥脚类是蜥脚类恐龙中的一个单系分支，包括两大类：大鼻龙类与梁龙超科。

1. 梁龙超科

梁龙超科中有很多明星物种，很多是大家耳熟能详的恐龙。它们有着相当长的脖子以及特化为鞭子状的尾巴。包括梁龙科、叉龙科、雷巴齐斯龙类等。

梁龙科：梁龙科恐龙成员很多，最著名的就是梁龙。梁龙与其他的梁龙科成员一样，有着长脖子和鞭子一般的尾巴。同样属于梁龙科的还有迷惑龙，可能迷惑龙这个名字公众不太熟悉，它还有另一个名字叫作雷龙。之所以一种恐龙有两个名字，是因为早期的古生物学家受限于化石材料的保存程度以及对蜥脚类的了解程度，将同种恐龙的化石分别命名，经过后来的研究才发现二者之间的关系。由于迷惑龙的命名早于雷龙，所以现在雷龙成了一个无效名，然而，因为雷龙这个名字家喻户晓，所以现在仍有很多人在使用。除了以上两种恐龙，梁龙科还包括超龙、重龙等恐龙。

叉龙科：叉龙科恐龙是一类中小型的蜥脚类恐龙。在蜥脚类家族中它们的个头不算大，但对于其他生物来说，它们的体型依然是很大的。叉龙科恐龙包括阿马加龙类与短颈潘龙类。阿马加龙有着其他蜥脚类恐龙所不具备的特征，在它们的脖子至背部前部有一系列的长棘刺，比其他蜥脚类都要长。而短颈潘龙则是蜥脚类家族中的异类，从名字上就能够得知它们的脖子很短，比其他叉龙类恐龙要短40%左右，同时短颈潘龙也是所有蜥脚类恐龙中脖子最短的成员。由于脖子很短，推测短颈潘龙的体长可能不足10米。

阿马加龙

2. 大鼻龙类

大鼻龙类的名字来源于它们大型的鼻孔，所以我们可以依据这一点来对大鼻龙类进行简单的鉴别。大鼻龙类又可以分为两类：圆顶龙类和巨龙形类。它们从侏罗纪生存到白垩纪末期，化石几乎遍布全球。

圆顶龙类： 圆顶龙类的头骨很有特点，它们有着短而高的头骨，呈圆拱形或方形。

巨龙形类： 巨龙形类又称泰坦龙类。它们的定性特点在于前后肢的比例，其他的蜥脚类前后肢长度大致相同，而巨龙形类的前肢明显比后肢长，脖子的长度很长，但尾巴明显较短。巨龙形类生存在晚侏罗纪至晚白垩纪，黄河巨龙与腕龙科恐龙都属于这个类群。

潮汐龙

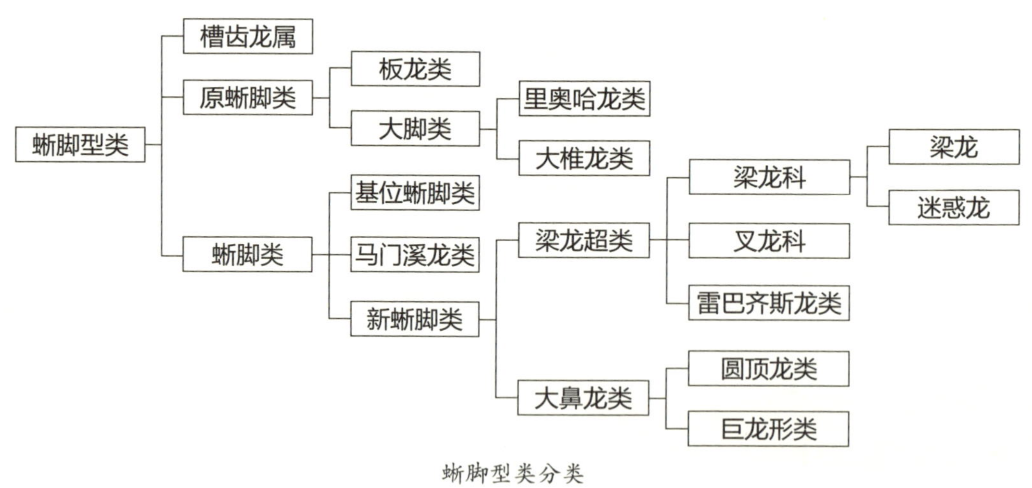

蜥脚型类分类

庞大的体型

相对于其他恐龙来说，蜥脚类恐龙最大的特点就是拥有庞大的体型。但蜥脚类恐龙的祖先的体型都相对较小。它们是如何变得如此巨大的呢？这和它们的几个特征密不可分。

1. 长脖子

蜥脚类恐龙拥有相当长的脖子，而这个长脖子正是它们拥有庞大体型的特征之一。作为生物来说，拥有庞大的身体有很多优势，但也带来了不便之处。为了维持巨大身体的消耗，蜥脚类恐龙必须吃下足够多的食物来作为能源的来源，而植物中所含有的能量又是食物中相对较少的，所以蜥脚类恐龙每天的进食量相当惊人。它们需要每天去寻找供给自身的食物。拥有一个长脖子，可以使它们吃到其他生物难以获得的高处的植物，这使得蜥脚类恐龙在与其他植食性恐龙的竞争中具备了优势。同时，长长的脖子可以覆盖很大面积的区域，由于一株植物根本满足不了蜥脚类恐龙的需求，它们便需要在多个植物上取食。庞大的身体使得它们每移动一步都会消耗相当大的能量。长长的脖子解决了这个问题，长脖子带动脑袋尽可能地减少了身体的移动，这使得取食的行为更为节能。

2. 小脑袋

绝大多数蜥脚类恐龙都有一个小脑袋。它们的头骨很小，头部的骨骼也并不强壮，所以蜥脚类恐龙大多不会在口腔内咀嚼食物，因为薄弱的头骨无法应对咀嚼时所带来的压力。蜥脚类恐龙会大口地把食物吞下肚子，之后就依靠巧妙的消化系统来处理这些食物，最终获取生存所需的能量。

3. 类似鸟类的气囊结构

与今天的鸟类相似，蜥脚类恐龙的骨骼也具备中空结构，不过它们的四肢骨骼十分结实，毕竟它们庞大的体重需要四肢来支撑。它们的中空骨骼大多分布在脊椎，尤其是颈椎处。骨骼中的中空结构形成气室，在呼吸的同时能够减轻一部分重量。在颈椎上发现了很多腔和骨质薄板，这是为了减轻脖子的重量，以便颈部肌肉能够更好地支撑脖子的运动来获取食物。同时，颈椎内的气囊还能够在一定程度上增强脖子的强度，有点类似我们今天运动鞋里的气垫。

4. 消化系统

蜥脚类的消化系统设计得很巧妙，能够最大限度地从食物中获取能量。由于蜥脚类恐龙进食时几乎不会对食物进行处理，所以如何将食物消化掉就是一个重要的问题。为了能够进一步将食物进行处理，蜥脚类恐龙会吞服一些小的石头进入胃中，这些石头在胃的蠕动下，相互碰撞，将吞食下去的植物进行研磨，为后续的消化做准备。研磨后的食物会在消化道中微生物的帮助下进一步发酵，为了使得食物能够发酵得更为彻底，蜥脚类恐龙需要尽量延长食物在消化道内停留的时间，所以蜥脚类恐龙都有一副硕大的消化道，在我们看起来就是它们有一个庞大的肚子。越是巨大的体型就越需要一个庞大的消化系统来支持，这就是蜥脚类恐龙的身体趋向于大型化的原因之一。一般来说，食物会在蜥脚类的消化道中停留20个小时以上。

5. 高代谢以及高生长速率

蜥脚类恐龙的代谢速率与生长速率一直都是古生物学家们热衷于研究的问题。从骨组织学切片的观察来看，蜥脚类恐龙的生长速率非常快，尤其是幼年期。据数据推测，蜥脚类恐龙为了尽快成长起来，每年体重都会增加0.5~2吨。当它们拥有了庞大的体型后，才能够在危险的中生代时期拥有一定的自保之力。蜥脚类恐龙从初生到成年，大概需要15~30年，在这段时间里它们要将体重生长到10吨以上。这也是蜥脚类恐龙身体庞大的原因之一。

6. 产卵方式

蜥脚类恐龙大多以群居生活，通过种群集体行动的方式来提高安全性。但是蜥脚类恐龙的个体大多十分庞大，所以种群的个体数量并不会很多，毕竟过多的种群数量需要的食物数量巨大。所以，蜥脚类恐龙在繁殖时采取的方式是依靠产出大量的小型个体来实现的。相对于蜥脚类恐龙的体型，它们的蛋很小，大概比今天的鸵鸟蛋略小一些。由于体型过于庞大，它们也很难对卵进行抚育，孵化出来的个体体长大约0.5米。这样的方式所消耗的能量低，对于恢复种群数量来说更为有效。

03 鸟臀类恐龙家族

鸟臀类恐龙的演化

鸟臀目恐龙的化石最早出现在三叠纪末期的卡尼阶，但是化石非常稀少。鸟臀类的化石在侏罗纪之前很少见，这可能是因为在这一时期蜥臀目的恐龙占据了主要的植食性动物生态位。鸟臀目恐龙最引人瞩目的特点便是它们的多样性，相对于蜥臀目的恐龙来说，鸟臀目恐龙的形态更多，演化出了相当多的类群，这些类群分别有自己独一无二的特征，这些特征令古生物学家痴迷。

鸟臀目的恐龙大致上可以分为两大类：角足亚目和覆盾甲龙亚目。但还是有一些种类很难确定它们的关系。这些早期的鸟臀目恐龙大多比较原始，和其他类群的基位成员一样，身体上的特征不明显，系统发育关系难以断定。

1. 皮萨诺龙属

皮萨诺龙的化石发现于阿根廷三叠纪晚期，是早期的植食性恐龙之一，体型较小，体长推测大约1米。由于发现的化石材料保存得不完好，只发现了上下颌骨、颈椎以及一些不完整的肢骨，所以很难确定它的分类地位。但是在颌骨上观察到了具有颊架，这表明皮萨诺龙可能有颊部，也就是说它可能会在口腔里处理食物，并且保证未处理过的食物能够停留在口腔里。由于颊是典型的鸟臀目恐龙特征，所以将它划分到早期的鸟臀目恐龙。

2. 始奔龙

始奔龙出土于南美洲三叠纪末期的地层中。它在三叠纪时期鸟臀目恐龙中是我们了解得最清楚的。始奔龙的化石上具有一些关键性的特征：它的牙齿是叶状齿，十分适合取食植物。前肢的比例要大于其他的恐龙，与异齿龙相似，可能具有一定的抓握能力，用来抓取植物。它们的骨盆上既有原始的祖先特征也有进步的特征，不过特化拉长的后肢远端显示它们可能十分善于奔跑。

3. 异齿龙科

异齿龙科恐龙起源于晚三叠纪，但最著名的异齿龙化石出土于早侏罗纪时期的南非。异齿龙的头骨显示出了与众不同的特征：它们的牙齿形态不同，具有2个门齿、1个犬齿以及12个颊齿。这在恐龙类中（或者说爬行动物中）是十分特殊的。异齿龙的犬齿很长，但由于发现了一具不具备獠牙状犬齿的异齿龙化石，所以也有学者认为异齿龙的犬齿为雄性的第二性征，可能是用来防御或者展示的。异齿龙的下颌结构指示它们能够小幅度地咀嚼。整个侏罗纪都能够发现异齿龙科恐龙的化石，其中我国晚侏罗世（或早白垩世）的天宇龙化石上发现了丝状皮肤衍生物，可能与羽毛同源，有可能是最早的羽毛类型。

覆盾甲龙亚目

1. 法布尔龙

法布尔龙曾经被归为基位鸟臀目，但因为其与其他覆盾甲龙类恐龙具有一个共有的特征：在下颌的上隅骨外侧有一道前后向的脊，所以后来被归于基位覆盾甲龙类。法布尔龙的体型很小，体长约1米，后肢善于奔跑，前肢强壮。由于法布尔龙的化石缺失严重，也有学者质疑法布尔龙可能就是莱索托龙。

2. 莱索托龙

莱索托龙化石发现于南非早侏罗世地层。莱索托龙具有一个不成对的前齿骨，眼眶还包含一个特殊的新的骨骼——眼睑骨。根据其上下颌关节的连接来看，莱索托龙只能进行上下方向的简单咬合。

3. 剑龙亚目

剑龙类恐龙是生活在中侏罗世到晚白垩世的一类恐龙，在整个恐龙家族中属于较小的一个支系，大概有10~15个属。其中最有名的是发现于北美洲晚侏罗世的剑龙。由于剑龙类恐龙的脑容量被认为是所有恐龙中最低的，所以也有学者称它们为最笨的恐龙。它们的后肢比前肢长，祖先可能是两足行走的。剑龙类恐龙的脊椎大幅度地拱起，并且在后背上具有大块的三角形骨板。

剑龙类

4. 甲龙亚目

甲龙类起源于中侏罗世，目前发现了大约50个种类。甲龙类又可以分为结节龙类与甲龙类。其中发现于英格兰南部的钉背龙是典型的早期甲龙类。甲龙类成员则大多尾后有骨锤。其中包头龙属与甲龙属都具有完整的头甲以及体甲。甲龙类的头骨呈现为十分厚重的盒状结构。顶骨特化变得极为宽厚，与周围的其他一些骨骼共同组成了头骨部分。甲龙类全部属种的上颞孔被覆盖，大部分的属种下颞孔也被覆盖了，只保留了眼眶和鼻孔，甚至头骨开孔也被大量覆盖了。

甲龙类

角足亚目

鸟脚类

1. 棱齿龙属

棱齿龙的化石发现于英格兰早白垩世地层中，体长大概3~5米。身体的特征与异齿龙类十分相似，不过头骨上不具备獠牙状的犬齿。根据它的骨骼结构，认为它可能生活在树林中，善于奔跑。

2. 禽龙类

禽龙是人类命名的第二种恐龙，于1825年命名，化石发现于欧洲的早白垩世地层中。禽龙的前肢结构具有一些特点。例如：禽龙的腕骨与掌骨在腕部愈合成为一个单独的块状骨骼；指骨1特化成一个巨大的拇指棘刺，指骨2~4形成一个功能上的统一体，指骨2、3上带有蹄状结构；特化的拇指被认为可能是用来防御或者展示的，而其余指骨上的蹄状结构是用来行走的；禽龙类中的豪勇龙属的背部有高耸的棘，形成一个矮帆状结构，可能是用来调节体温的。

3. 鸭嘴龙科

鸭嘴龙类恐龙是最多样也是最成功的鸟脚类恐龙，尤其是晚白垩世的鸭嘴龙最为著名。鸭嘴龙类化石在北美洲、中亚，我国境内的种类都特别出名，经常会在同一个地层中发现三四个具有明显区别的种类。

鸭嘴龙类因其特化的鸭嘴状喙而著称，这个喙是由前颌骨和上颌骨扁化并向两侧延伸而形成的。鸭嘴龙类的牙齿也很特殊，通常是由几列长排的研磨型颊齿紧密排列所组成，位于口腔的后部。有些齿列多达五六排，每排由45~60颗小的牙齿组成。鸭嘴龙类是陆生植食性生物，主要靠食用嫩叶为主，也吃针叶树的树叶以及树枝。绝大部分是四足行走，身体结构大多相似，但头骨上的头饰根据品种的不同也不同，且大多比较怪异。

鸭嘴龙类

肿头龙类

肿头龙类是一个只有15个种的小支系，化石主要出土于北美洲和中亚的晚白垩世地层中。古生物学家认为它们特化的头骨是在寻找配偶时用来撞击的。这一说法的主要依据是发现雄性个体的头骨要明显厚于雌性个体。

角龙类

由于角龙类与肿头龙类的头骨都具有相当奇怪的特化，所以也有人将它们划分在一起，组成头饰龙类。这一分类是基于它们头骨上的鳞骨与顶骨组合形成一个特化结构。角龙类是一个包含70个属种的家族，主要化石发现于亚洲早白垩世和北美洲晚白垩世的地层中。角龙类种类繁多，但共同具有3个特征：头骨背侧看起来呈三角形；由一个额外的喙状吻骨位于鼻吻骨的中线，看起来就像是戴了一个帽子；鼻吻部与头骨背部具有宽阔的顶骨。

1. 鹦鹉嘴龙

鹦鹉嘴龙是早期的角龙类，化石主要发现于东亚的早白垩世地层。鹦鹉嘴龙是两足行走的恐龙，身体与鸟脚类恐龙很相似，但是头骨特征具有典型的角龙类恐龙特点。最显著的特征是具有鹦鹉般的喙状结构。

2. 原角龙属

原角龙属的化石出土于我国与蒙古的中白垩世地层。它们已经开始四足行走了，鼻子上已经具备了一个初步的角，眼眶上也出现了增厚的肿块，并且开始显示出角龙类的主要特征：由顶骨和鳞骨所形成的骨质颈盾。

3. 新角龙类

身体骨骼特征演化为适合奔跑的结构，具有拉长的肢骨与蹄行型四肢结构，即有很高的神经脊，上面附着肌肉。臀部具有骨化的肌腱，尤其是头骨的变化十分巨大，不同种类的头骨特征区分较为明显。例如，我们十分熟悉的三角龙、尖角龙等。颈盾与角的作用可能是用来防御、互相识别、展示、恐吓敌人以及种内竞争的。

角龙类

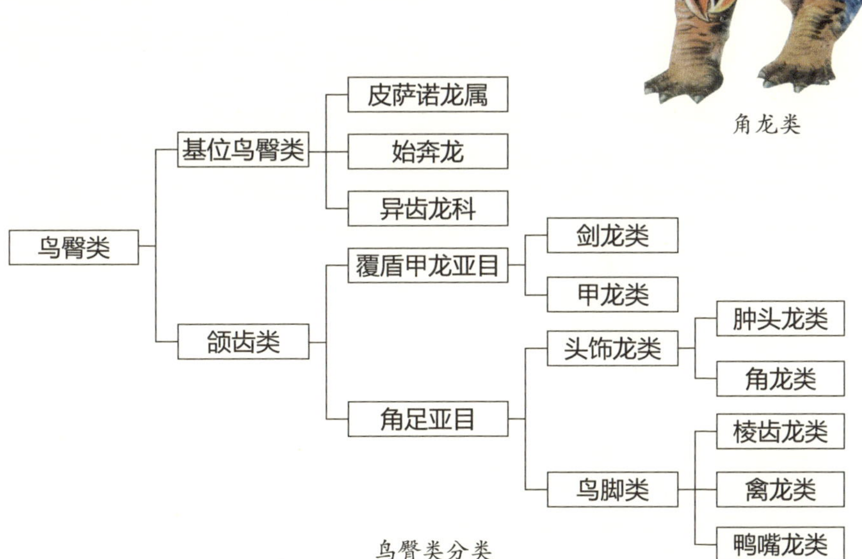

鸟臀类分类

鸟臀目恐龙巧妙的进食方式

作为爬行动物的一员，恐龙绝大部分的牙齿与其他爬行动物一样，都为同型齿。而哺乳动物的牙齿为异型齿，分为门齿、犬齿、前臼齿、臼齿。不同牙齿的主要功能各不相同，门齿主要用来切割食物，犬齿用于撕裂，前臼齿与臼齿负责研磨食物。尤其是植食性动物，它们需要将坚韧的植物叶片或枝条进行处理之后进入消化道，在微生物的帮助下将植物当中的纤维素分解，从而获得能量。植物的研磨程度影响着后续的消化效率，所以越是高度植食性的生物，往往它们的口腔处理能力越复杂。以我们常见的牛、羊这样的植食性哺乳动物为例，它们在进食的时候会仔细咀嚼食物，牛甚至还演化出了反刍，将食物进行二次处理再吞咽。如果仔细观察牛、羊类动物在咀嚼时下颌的运动，你就会发现它们的下颌骨可以在3个方向上大幅度运动，这是为了食物能够在口腔中被充分地研磨。

反观植食性恐龙，由于绝大多数恐龙为同型齿，并不具备专门用来研磨的臼齿，所以早期的植食性恐龙对于植物的处理能力并不强，甚至蜥脚类恐龙都不在口腔中处理食物。鸟臀类恐龙在侏罗纪时期开始辐射，它们演化出了一套巧妙的办法，解决了在口腔中处理食物的问题，尤其是鸭嘴龙类，它们对于食物的咀嚼程度达到了哺乳动物的水平。

覆盾甲龙类的取食

覆盾甲龙类包括剑龙类和甲龙类。相对于拥有复杂取食机制的鸟脚类恐龙而言，覆盾甲龙类的取食方式是比较简单和原始的，但是与蜥脚型类相比，它们仍然是具有复杂机制的高度植食性生物。覆盾甲龙类的头骨结构限制了它们下颌骨的活动范围，也就无法产生复杂的咀嚼行为。它们的牙齿较小，形状上单一，缺少复杂的牙齿排布。剑龙类的牙齿上还缺少大量研磨面，并且在进食时，力量集中在颌骨的前端，也就是吻部的位置，咬合力并不强大。下颌骨关节紧密地结合，保证了头骨的强度，但阻止了颌骨在其他方向上活动的可能性，只能够进行相对简单的上下方向的咀嚼。同时，上颌骨与其他各个骨骼之间不存在活动的空间，所以覆盾甲龙类无法进行复杂的咀嚼行为。因此，古生物学家推测，覆盾甲龙类可能存在类似蜥脚型类恐龙的取食行为，大口进食，在口腔中进行简单且有限度的咀嚼后吞到胃中，之后便依靠其他物理或者化学方式完全进一步地处理。同时由于它们身体的结构，覆盾甲龙类通常会取食离地面较近的食物，属于低位取食者。

角龙类的取食

角龙类的取食机制要比覆盾甲龙类复杂得多，虽然它们头骨的结构仍然限制了颌骨的活动方向。通过对角龙类颌骨的观察，我们发现角龙类的牙齿已经形成了齿列，并且这些齿列是垂直排列的。也就是说，角龙类的每一颗牙齿都是从颌骨的垂直方向上生长出来的。这样的一个齿列排布，再加上被头骨限制只能在上下方向上的活动，这就使得角龙类的颌骨形成了一个类似剪床一样的结构。不仅如此，角龙类的喙是所有恐龙中最发达、最有力、最锋利的，这就使得角龙类在进食的时候可以获得额外的切割能力，也使得角龙类可以取食那些较低矮的植物，并且可以食用那些相对粗糙的部分。到了后期较为进步的角龙类，它们的齿列变得更为宽大，能够很好地食用粗糙的植物。而这些植物恰恰是蜥脚型类、覆盾甲龙类与植食性兽脚类所不能取食的。

鸟脚类的取食

如果说角龙类通过齿列增加了咀嚼能力，那么鸟脚类对于咀嚼能力的演化可以称为巧夺天工一般的创举。我们之前说过，恐龙类大多具有的是同型齿，并不具备专门研磨食物的臼齿。而鸟脚类恐龙创造性地通过多个齿列的组合排布，形成了功能上相似的齿组，我们可以称之为共轭齿。鸟脚类恐龙的每一颗牙齿紧密排列呈齿列，之后在颌骨上密布三四组这样的齿列，形成齿组。这就形成了一个类似于锉刀一样的研磨面，每一个牙齿的齿峰形成了锉刀面上密布的小的突起。到了后期衍生的鸭嘴龙类的牙齿数量甚至能够达到惊人的两千多颗。

鸟脚类的取食高明之处不仅如此，它们的牙齿还存有一套自磨锋系统。这套系统的运作高明至极。首先，恐龙的牙齿与我们人类的牙齿在结构上是十分类似的，主要由两层物质所组成：牙本质和牙釉质。牙本质相对来说比较柔软，但很坚韧，通常位于牙齿的内部。牙釉质则坚硬得多，通常位于牙齿的外部，起保护作用。鸟脚类的牙齿同样是由这两种物质组成的，不过它们通过将这两种物质的巧妙分布，保证了牙齿的锋利程度能够保持在一个非常高的程度。鸟脚类的牙齿外缘主要分布的是牙釉质，而内部主要分布的是牙本质。在咀嚼食物时，这两种物质都会相应地发生磨损。较软的牙本质磨损的程度会高于较硬的牙釉质，通过两种物质的差异磨损程度，就会使得鸟脚类牙齿的外边缘高于内部一定的高度，形成了一个天然的刃，这个刃在咀嚼的过程中就能够很好地完成切割作用。不过由于高度植食性，即使是坚硬的牙釉质也会出现损耗殆尽的情况，鸟脚类还演化出了独特的牙齿替换系统，来保证它们随时都有一个好牙口用来取食。牙齿是着生在颌骨与齿骨上的，在鸟脚类的这些骨骼中还储备有替换的备用品，它们已经基本上生长完全，只是暂时储存在这里。这就使得鸟脚类的牙形成了一个类似电池组一样的结构，每当最外面的牙齿出现损耗或者高度磨损后，后面的牙齿便会在很短的时间内顶替掉前面的牙齿，继续完成咀嚼工作。

鸟脚类恐龙，尤其是进步的鸭嘴龙类更是巧妙地解决了咀嚼时颌骨移动方向的问题。鸟脚类的颌骨关节与其他鸟臀类的结构并没有太多改变，它们仍然只能上下移动颌骨进行剪切运动。但是，在衍生的鸟臀类中却发现了有趣的结构。在它们的前颌骨与上颌骨之间存在一个松散链接的铰链关节。这个关节的存在，使得衍生的鸟臀类在咀嚼时，上颌骨能够发生微小的移动，这就使得上下颌骨在咬合时，牙齿之间发生了横向的相对滑动。通过这样一个方式，衍生的鸟脚类恐龙拥有了如现生哺乳动物一般，多个方向上的咀嚼能力，使得它们对于食物的处理程度达到了顶峰。不过关于这个假说仍有学者抱有质疑的态度，他们认为鸟臀类的头骨各骨骼之间的连接不允许这样的运动出现。不过对于鸭嘴龙类上下颌骨牙齿的磨损分析结果表明，在鸭嘴龙类的牙齿研磨面上观察到了4组是横向运动才能产生的痕迹，并且这些痕迹具有一致性。这个牙齿磨损痕迹的研究支持了上述假说。

恐龙的防御策略

01 鸟臀类恐龙的防御策略

无论处于什么时代，大自然当中的生物都占据着不同的生态位。有一些生物依靠植物为食，而有一些则依靠捕食其他生物为食。这种捕食与被捕食的关系造成了物种之间的竞争，无论是作为被捕食的一方与猎手之间的竞争，还是同为猎物彼此之间的竞争。相应地，被捕食的生物也演化出了相应的防御策略来提高个体或种群的安全性。

剑龙类的背板与骨刺

覆甲盾龙亚目的恐龙可能是所有恐龙中防御能力最强的类群了。其中剑龙类恐龙的防御更是为人们所熟知。纵观整个恐龙家族，剑龙类身体上的背板与骨刺可以说是非常奇怪的结构了。所有的剑龙类都在颈部、背部和尾部拥有两排背板或背棘。种类不同，这些背板的数量，大小，形态也不相同。绝大多数的剑龙类颈部与背部有三角形的背板，在背部的后方及尾巴上转变为钉刺的形态。每排背板有14或15个，在肩膀上还有一个长长的尖刺，向后突出。有个别种类可能还保留了侧面的骨板，比如我国四川出土的华阳龙，不过华阳龙的背板及尾刺都相对较小。在剑龙类中这些防御的骨板特化到最极致的就是剑龙，在它的脖子上还有一组小的片状骨板，背部有彼此交叠的背板，尾巴上有两组粗大的锥形尖刺。

自从发现了第一具剑龙类的骨骼化石之后，人们对于这些奇怪结构的作用开展了一系列的研究。到目前为止，对于剑龙类恐龙的研究在鸟臀目恐龙中是比较透彻的。其中的某些假说流传广泛并且公众认可度是比较高的。关于剑龙类背板的用途，早期的古生物学家们推测是作为防御结构来使用的，但随着科学技术的发展，尤其是近30年来更是古生物学的黄金年代，我们对于剑龙类背板的研究可能正在挑战防御假说的可靠性。1986年，古生物学家们对剑龙类的背板展开了详细的分析，研究结果显示：剑龙类的背板重量很轻，并且其内部发现了中空的结构，背板的外表面发现了密布血管的痕迹。所以剑龙类的背板作为防御结构并不适用，而是用来调节体温的。背板的工作原理类似太阳能电池板，中空的结构能够尽可能地减少重量；背板表面密布的血管网络呈扇形，尽可能地增大热量交换的面积，处于阳光照时下可以将热量迅速带到全身，躲避到阴凉处时又成为散热片。虽然调节体温假说对于背板作用的解释十分合理，但仍然有学者持怀疑态度。在对背板进行骨组织学研究时发现，剑龙类的背板生长十分迅速，结合我们对于恐龙骨骼生长的研究，认为剑龙类的背板可能主要是用来个体识别以及展示的，调节体温可能是一个附加的功能。

剑龙尾部的骨刺与背板则完全不同，所以它们可能有着完全不同的功能。我们常常猜测这个尾刺是不是用来攻击捕食者，或者是用来威胁其他生物的。2001年，我们在化石上发现了一些有趣的证据，在几块剑龙尾巴化石上存在创伤的痕迹。此外，结合另外一个很有趣的化石，一具异特龙的尾椎骨上发现了一个洞，洞的形状与剑龙尾巴上的骨刺相吻合。这样的发现组合让我们怀疑异特龙身上的洞是否就是剑龙类的骨刺所造成的呢？尤其是剑龙类的尾部肌肉发达结实，挥舞起来能够产生巨大的力量。这个发现为武器假说提供了新的证据。

恐龙身上的铠甲与骨板

提到恐龙身上的铠甲，甲龙类无疑是其中的典型代表。但在恐龙家族中，除甲龙类以外，剑龙类与蜥

剑龙类背板

剑龙类尾部骨刺

脚类恐龙身上都出现过骨质铠甲或骨板的结构，只不过没有甲龙类那样特化。

在这三种恐龙中，甲龙类的骨板是最多的，几乎覆盖身体的所有部位，头骨的骨板尤其厚重。甲龙类的骨板从头部开始经过背部向尾部延伸，以脊椎为中线，呈长列排布覆盖全身，主要集中在背部，在腰带处骨板愈合成一个大的板状结构，看起来就像一个反穿的围裙，我们称之为荐椎护盾。个别种类的甲龙类甚至腹部也有骨板覆盖，有些种类的骨板在脖子处愈合，形成了一个半圆形的带状骨板用来保护颈部。个别的甲龙类还在骨板上生长出短刺状结构增加防御能力。

甲龙类的尾部存在一个骨质尾锤。这个尾锤大小、形状各异，根据种类不同有着较大差异。尾锤的功能同样被推测是用来攻击敌人的，不过对于这个尾锤的威力则众说纷纭。古生物学家对甲龙类的身体进行了生物力学分析，发现从理论计算上来说，甲龙类的尾巴确实可以造成巨大的伤害，尤其是尾锤直径超过50厘米的类群，不过绝大多数类群的尾巴可能没有各种影视作品描述得那么厉害。那些拥有大尾锤的种类，虽然从理论计算上能够产生巨大的打击力，但受限于尾部骨骼强度，可能在实际使用时不能发挥出全部的力量。同时，甲龙类防御力超强的铠甲也限制了尾巴挥舞的角度，使得尾巴能够发挥的力量进一步减弱。作为被攻击方的中大型兽脚类恐龙身体上还遍布厚实的肌肉，能够有效地减少被打击时所受到的伤害。因此，虽然甲龙类尾锤的力量足够，也确实能够对猎食者造成伤害，作为武器的假说是合理的，但没有传闻中威力那么强大。

相对于甲龙类，剑龙类与蜥脚类身上的骨板就少得多了。剑龙类将这些骨板特化为了背部的背板，只有少数种类在身体的侧面保留了这些骨板在皮肤下面存在的痕迹，这些痕迹在原始的覆盾甲龙类身上也可以观察到。个别剑龙类恐龙脖子处有一组彼此交叉的小骨头，形成保护层。蜥脚类恐龙中的巨龙类身上存在骨板，通常分为两种，大的卵圆形的与小的片状骨板，主要覆盖身体背部区域。对这些骨板进行骨组织学微观观察发现，虽然这些骨板很薄，但是内部的微观结构却具有很高的强度，外层是致密的骨质组成，而里面是由多孔的胶原纤维网络组成的，就好像在里面搭了脚手架。

甲龙类

角龙类的角与颈盾

三角龙或其他角龙类的头骨具有巨大的和奇怪的结构，所以我们能够一下子将它们辨认出来。在晚白垩纪的角龙类，其头骨长度可能超过2米，比已知的任何陆生脊椎动物的都长，头骨的后面延伸成为一个庞大的颈盾，这是由极度特化的顶骨与鳞骨组成的。颈盾的长度能够达到头骨长度的50%~60%，在颈盾的边缘分布着小骨块，在某些种类中小骨块特化成了角，伸出颈盾之外，形态各异，有直的，也有弯的。真正的角是由骨质内核所形成的，角龙类活着的时候会在角上覆盖一层角蛋白的外壳，同时在鼻子上（鼻骨）和眼睛上（眶后骨）出现。鼻角通常是一个单一的位于头骨中线上的结构，某些种类长度超过50厘米，而眉角位于头骨两边，可以长得更大，个别极其华丽的物种长度甚至能够达到1米，某些种类将鼻角特化成一个粗糙的大块隆起。

这些奇怪的特征毫无疑问地吸引了古生物学家以及公众的注意力。古生物学家们用犀牛与之相比较，认为角龙类的角和颈盾有多种功能，最大的作用可能是用来对抗捕食者，与同类相搏斗或用于求爱等。有一些古生物学家关注角和颈盾的发育过程，认为展示可能是更重要的作用。通过比较颈盾与身体骨骼核心的氧同位素，古生物学家进行了一个有趣的实验。实验结果表明，宽大的颈盾是热量集中的部分，就像大象的耳朵一样，将身体里多余的热量散发出去，是用来调节体温的，甚至认为角也是用来调节体温的。这种说法的主要证据就是颈盾上有血管的纹路，认为这是密布血管网络的迹象，从而得出的判断。当然，也有学者认为这些血管是用来给颈盾及角的外皮层提供养分的。

而对于这些角的功能最常见的解释就是用来防御的。绝大多数角龙类是生活在白垩纪最后2000万年里的，这个时期的北美洲到处都是暴龙类捕食者。在许多博物馆中，最受人们喜欢的就是三角龙与霸王龙进行殊死搏斗的复原场景，而这两种生物确实是北美洲白垩纪最常见的物种。我们发现了三角龙的颈盾化石是存在有齿痕的，与霸王龙的牙齿相比较，结果是非常匹配的，这就证明了这两个物种间存在捕食关系，也许角龙类的角与颈盾的功能就是防御，用来保护自己，并在受到攻击时用来反击。同样，角也可以被用作同类之间相互争夺资源或配偶的武器。古生物学家利用计算机来研究生物力学，结果表明：颈盾所具有的宽大的、拱形的结构，可以获得比较强的结构强度，可能在争斗中提供帮助。在对一个使用了三角龙头骨模型的试验中表明，角的大小、形状和位置都十分适合进行种内的争斗。最后，我们还发现了一些三角龙颈盾化石上存在着大量的伤痕，这些伤痕经过对比后证实是同种三角龙的角造成的，从而支持了三角龙个体之间争斗的说法。所以，角龙类的角可能具有多种功能，但当作武器来攻击的说法没有太多证据支持。

三角龙角

肿头龙类的头骨

肿头龙类的头骨比角龙类的颈盾还要奇怪，它们的头骨看起来就是一个巨大的鼓包。这个巨大的鼓包是骨质的，绝大部分肿头龙类的鼓包是由头骨的顶骨与额骨愈合在一起所形成的。这两块骨骼在一起变厚增大，向上拱起，形成我们看到的样子。某些种类中，甚至将鼓包周围头骨的其他部分骨骼也一并囊括了进来，比如鳞骨与眶后骨。这就使得这个隆起变得异常巨大，甚至连头骨上方的上颞孔也闭合了，形成了一个整体。肿头龙类的拱形头骨的周围还存在一圈隆起的边缘，这些边缘是由骨质的附属物所组成，在进步的类群中，这些附属物还特化成了角状、棘刺以及一些突起。

而关于肿头龙类的异常特化的头骨的作用在古生物学家中引起了广泛的议论，因为我们在现生动物中找不到一种生物具有类似的结构。我们只能够寻找尽可能与其类似的生物，解开谜题的答案可能从大角羊身上发现，大角羊头上具有硕大的曲角，它们用来互相撞击进行竞争或是赶跑其他动物。肿头龙类的头骨会不会也具有相似的作用呢？生物力学分析结果支持这种说法。肿头龙类的头骨结构与强度十分适合这种撞击的行为。但是这个学说有一个关键的议论点：肿头龙类是会正面撞击还是从侧面撞击对手。不过也有古生物学家对肿头龙类的头骨进行了微观骨组织学观察，发现其头骨的外层为脆性骨骼组成，不适合进行撞击。并且在肿头龙类幼体发育时，头骨内富含胶原纤维，在撞击时产生的力量会沿着胶原纤维传进大脑，这与动物撞击时需要对大脑进行保护的需求相反。所以，肿头龙类的头骨可能是在幼年时期生长，成年后变得更为坚硬，是用来展示吸引异性的。

目前，对于肿头龙类头骨的作用还没有明确的定论，未来需要做的工作还很多。

鸭嘴龙类的头冠

鸭嘴龙类作为植食性恐龙中的大家族而闻名。除了它们有名的“鸭子嘴”，鸭嘴龙类的头冠可以说是千奇百怪。在鸭嘴龙类中的赖氏龙类中，它们的头骨特化成了一个非常华丽且硕大的头冠结构，不同类群的头冠不同，这些头冠可以作为我们辨识它们的最方便的道具。这些头冠主要是由前颌骨与鼻骨形成的，包括一些周围的其他骨骼，形成了一个巨大的内鼻孔。赖氏龙的头冠像一把小斧子，冠龙的像一个桶状头盔，副栉龙的则像长笛一样。这些头冠无论是外形还是内部结构都存在很大的差异。

鸭嘴龙头冠

关于这些头冠的作用在恐龙研究的早期就引发了很大的兴趣，各种假说都有，其中有3种假说是相对合理且公众认可度较高的。

第一种假说认为巨大的头冠是用来增强嗅觉的。由于拥有巨大的内鼻孔，所以赖氏龙类可能会有巨大的鼻窦，所以它们的嗅觉十分灵敏，可以依靠嗅觉寻找食物或者察觉敌人。不过这种假说最近受到了质疑，通过对赖氏龙的头骨进行CT扫描，并详细研究它们的大脑的嗅觉神经，发现神经节很小，并且赖氏龙类巨大的鼻腔的绝大部分是在外侧，并不能够有效地增强嗅觉。所以，巨大的头冠对嗅觉的增强没有帮助。

后两种假说认为头冠是用来发出声音和装饰展示的。很早之前就有人详细描绘了赖氏龙类的头骨的内部管道，并与乐器的管道相对比。后来经过计算机模拟计算，认为赖氏龙类的头冠确实能够发出声音。通过CT扫描的解剖学结果也支持这两种说法，因为赖氏龙类的耳朵结构能够接收某些低频的声音。于是一个合理的解释出现了：赖氏龙类会利用头冠发出声音，可以让同类听到，以达到吸引配偶与恐吓竞争对手的作用，或者是用来确认同伴身份的。目前，大多数的古生物学家都认可这两个功能的假说。

恐龙的运动

恐龙作为公众最喜爱的古生物类群之一，它们身上的一切都令人好奇，尤其是它们的运动。要想知道古生物是如何运动的，这是一件很困难的事情。因为我们需要首先搞清楚恐龙的硬组织结构，再复原它们的肌肉、肌腱以及韧带等软组织。最后再加上计算机建模技术才能够使这些几千万年前消失的生物重现在荧幕上。

01 与现生动物的对比

将今论古是研究古生物学最常使用的手段，我们通过对恐龙骨骼的详细观察，再与现生动物对比，来研究它们的行为。

选择一个合适的参照物，就成为研究恐龙行为的首要问题。现生的鳄鱼和鸟类是与恐龙关系最为密切的两类生物，尤其是鸟类，它们是兽脚类恐龙的后裔。不过，恐龙拥有类似于人类的直立姿态，而鳄鱼的行为姿态仍为爬行姿态，与恐龙的姿态相差太远，并不适合作为参照物使用。鸟类虽然是兽脚类恐龙的后裔，但鸟类的身体结构与其他非鸟恐龙有着巨大的差异，它们的四肢结构出现了很多特化，无法作为绝大多数非鸟恐龙的参照物。尽管如此，我们研究那些与鸟类关系十分密切的类群时，还是能够起到一定的作用。观察恐龙的骨骼结构后，我们最终选择了大型哺乳动物作为恐龙行为运动的参照物。大型哺乳动物的后肢结构和比例都与恐龙相类似，并且后肢的运动都是由臀部肌肉带动的。由于并不是所有的恐龙类型都能够在现生哺乳动物中找到相似的参照物，所以我们关于恐龙运动的研究成果并不能认为就是完全可靠的，还需要做更多的工作来补充完善。

02 恐龙运动的几种类型

为了更好地完成相关工作，我们详细观察了现生哺乳动物的骨骼特征，并整理出两套运动特征集合。通过这些特征集合的对比，我们对恐龙的运动有一个初步的了解。我们观察自然界中善于奔跑的动物后发现，它们都有修长的四肢，肢骨末端比肢骨上端长（胫骨比股骨长）；有一个用于附着伸肌和缩肌以便于为四肢提供动力的发达的连接；脚趾（四足动物的手指）的外侧趾（指）退化，中间趾（指）延长；并具有较链状的四肢关节。以上这些特点我们总结为善于奔跑的第一套特征。而行动缓慢的第二套特征：具有粗壮的四肢；四肢的末端部分很短小、厚重；脚和手（四足动物）的骨骼短小，结实，呈半圆形，柱廊整齐排列，有利于更有效地支撑身体重量，具有庞大的身躯。如果我们在一个生物个体的骨骼结构特征中，发现了部分或者全部的第一套特征，那么，这个动物很可能是行动敏捷、善于奔跑的类型。反之，如果身体特征中包含了第二套特征，那么可能就是行动缓慢的类型。

结合这两套特征，古生物学家对所有恐龙进行了研究。它们详细收集了恐龙们的骨骼数据，并经过计算机的模拟计算，他们发现在恐龙中，小型的兽脚类恐龙，尤其后期与鸟类接近的虚骨龙类是敏捷类型生物，蜥脚类、剑龙类以及甲龙类为缓慢类型生物。这样的结果也与我们常识性的认知相符合。至于其他的恐龙则介于这两类之间。要想获得更多恐龙运动的信息，我们还需要从其他地方获得更多可靠的证据支持。

03 恐龙足迹化石

恐龙的足迹化石是我们研究恐龙运动行为的重要材料之一，我们可以从中获得相当多的信息。恐龙的足迹化石，顾名思义就是恐龙的足迹形成的化石，属于遗迹化石中的一种。利用恐龙足迹化石进行分析，可以推测恐龙的行进方向、行为模式、行走速度等信息。

恐龙足迹化石的形成

恐龙的足迹化石形成的过程与骨骼化石形成过程十分相似，但仍然是有区别的。相对于骨骼化石，足迹化石的强度决定了它形成化石的难易程度。而这又与恐龙当时所处的环境相关。恐龙所踩土壤的颗粒度，含水量、材质等都对足迹的形成产生影响。所以，恐龙足迹化石形成的第一步，就是恐龙要能够遗留下足迹。当恐龙遗留下足迹之后，这个足迹不能被破坏。足迹化石形成的第二步，也是足迹化石形成最关键的一步。当恐龙留下足迹后，这个足迹需要尽快风干，这样才能够使得足迹具有一定的强度，更有可能被保留下来成为化石。第三步，风干后的足迹化石同样需要被迅速掩埋。风干后的足迹，虽然具有一定的强度，但是远不能跟骨骼的强度相比，各种外界因素都会使得足迹被破坏。第四步就是被埋入深深的地层中发生石化作用，再经过地层上升，在风化作用下被我们人类所发现。

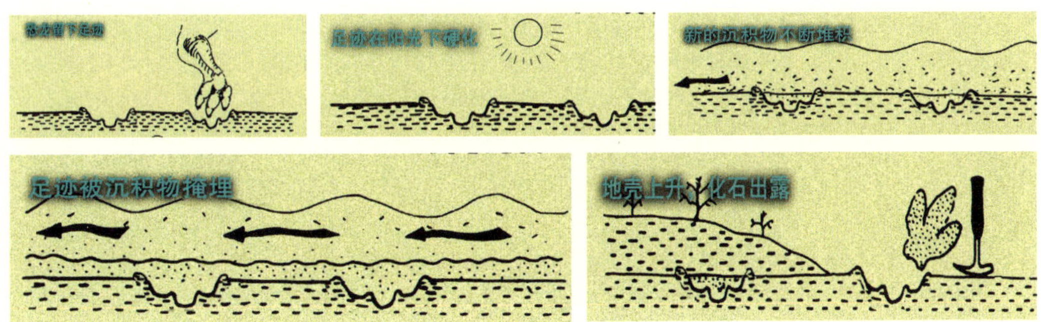

恐龙足迹化石形成过程

恐龙足迹化石与骨骼化石的区别

1. 与个体的对应关系

一个恐龙个体，只能够留下一具骨骼化石。而恐龙只要在适合的地面上行走，就能够留下足迹。这些足迹都有可能形成化石。同时，我们发现的足迹化石与恐龙的个体之间并不存在一一对应关系。这是因为恐龙的骨骼有可能遭到外力的搬运。

2. 反映的恐龙状态

恐龙的骨骼化石，反映的是恐龙死亡的状态。通过恐龙骨骼化石能够得到非常多的信息，其中就可能包含恐龙死亡时的信息。我们可以从骨骼上判断伤痕、病灶痕迹等，有可能推测个体的死亡原因。而恐龙的足迹化石反映的是恐龙存活时的状态。恐龙的足迹只能是存活时留下来的，并且由于足迹化石形成的过程中不能被打断，所以能够比较准确地反映恐龙行动的信息。

3. 保存位置

由于恐龙足迹化石在形成时不能够被打断，所以足迹化石是原地保存的。具体来说，恐龙的足迹会保留在其形成时的地层上，不会出现被单独搬运的情况。通过对足迹化石所在地层的研究，能够明确得到恐龙时代古地理及古气候等相关学科的信息。相反，恐龙的骨骼化石经常会出现搬运，所以发现恐龙化石的位置并不一定就是恐龙死亡时的位置。

4. 成分

恐龙的骨骼化石是由恐龙的骨骼所形成的，在恐龙活着时，这些骨骼是真实存在的，是有形的物质。即使形成了化石我们也能够从中观察到恐龙骨骼中的微观结构等。而足迹化石是恐龙脚部在地面留下的痕迹，并没有具体的物质留下来，保存下来的仅仅是其他沉积物或地层本身而已，不过精美的足迹化石却能够留存恐龙皮肤的纹理等信息供我们利用。

恐龙足迹化石的研究意义

通过研究足迹化石，我们可以获得哪些信息？通过恐龙足迹脚趾的朝向，可以获得恐龙的前进方向。当我们汇集大量同时代的足迹化石时，利用统计学进行分析，就能够获得关于恐龙迁徙的相关讯息。恐龙的足迹化石还能够揭示恐龙的行为姿态。一种恐龙是通过两足行走还是四足行走，我们都能够根据恐龙的足迹化石推断。尤其是结合恐龙骨骼解剖分析，再与现生动物相对比，我们能够大胆地复原恐龙的行走姿态，在科学研究以及大众娱乐等方面取得成果。根据恐龙足迹的数量，可以推断恐龙是否具有群居行为，或者留下脚印时的行为。如果发现大量成片出现的脚印，那么这种恐龙很可能是群居性的，如果只有单独一行脚印，那么独居性的可能就大大增加了。同时，脚印的深度还能够作为恐龙体重复原的重要依据之一。恐龙的足迹化石对我们最为重要的一点是，能够推测恐龙的运动速度。这对于研究恐龙的其他行为具有重要的作用。

足迹化石测量

恐龙的足迹化石中的数据，是我们推测恐龙速度的重要信息。我们结合生物力学等学科，总结了恐龙的速度公式，只需要采集相关数据，就可以自行推测恐龙的速度了。

$$\text{速度}=0.25\times\text{重力加速度}^{0.5}\times\text{复步长}^{1.67}\times\text{臀高}^{-1.17}$$

其中，复步长是同一只脚之间的距离，而臀高通常是恐龙后肢的长度。如果找不到恐龙后肢长度时，可以将恐龙的足长的4倍作为粗略的估计值代入计算。虽然通过公式能够计算出恐龙的速度，但是由于恐龙的运动还受各类软组织影响，所以我们得到的数值可靠性并不太高。有古生物学家通过计算机模拟，推算出的恐龙速度大约是我们通过公式计算出的速度的2倍。这就使得我们通过公式所计算出的数据可靠性变得较低。但公式仍然有着其重要的意义。虽然绝对速度的数值不可靠，但通过同一公式可以计算出不同恐龙的速度，我们可以了解到恐龙之间相对速度的差异。这对于了解恐龙的运动是有帮助的，通过公式计算不同恐龙的相对速度结果，与我们之前所提及的现生动物对比测量结果是一致的。

04 恐龙的运动

鸟臀类恐龙的运动

最早的鸟臀类恐龙是一类小型的、身体修长、行动较为敏捷的两足恐龙。但是，到了后期，鸟臀类恐龙的种类更加多样，它们中有一部分仍保持着两足行走的灵敏型运动模式，有一部分虽然还可以用两足行走，但前肢出现了特化，出现了四足行走的情况。四足行走在鸟臀类恐龙的演化中出现了两次，分别出现在覆盾甲龙类与角龙类这两个类群上。

这两类恐龙的祖先，都是两足行走的类型，偶尔会出现四足行走的情况。但随着演化的进行，覆盾甲龙类体型逐渐增大，身上的盾甲结构开始增多，行走方式也发生了改变。尤其是剑龙类，它们的前肢与后肢长度相似，足部骨骼结构也偏向于承重结构，以支撑庞大的身躯，就像大型的蜥脚类与今天的大型哺乳动物一样，行动也变为缓慢型。

角龙类虽然同样是用四足行走，但它们的四肢结构相较于覆盾甲龙类更为修长、纤细，所以部分角龙类拥有第一套特征，行动比覆盾甲龙类与蜥脚类要更敏捷一些。它们的足部骨骼结构也没有特化为密集排列的柱廊形态，承重能相对较弱。所以角龙类拥有恐龙家族中的中等速度与敏捷度。

类似于鸭嘴龙类那样进步的鸟脚类恐龙，通常用两足行走，偶尔出现四足行走的情况。原始的鸟脚类恐龙同样是小型敏捷的两足恐龙，而进步类群的身体结构显示，它们具有一定的承重能力，同时保留了一定的运动能力。进步的鸟脚类恐龙偶尔可能会用四足行走，但行走的速度不是很快，通常在较为安全的环境时，它们会用四足慢悠悠地移动，这样能够一定程度上缓解两足行走时后肢的压力。但处于取食高度不够或者遇到危险的时候，它们会前肢离地，用后肢快速奔跑。进步鸟脚类的后肢骨骼结构也显示它们的后肢肌肉群十分强壮，尤其是趾骨得到了加强，某些种类的前肢指骨特化成了蹄状。甚至有一些种类可以在两足行走与四足行走之间自由转换。通过计算机模拟，推测进步的鸟脚类恐龙的速度要超过大型兽脚类恐龙，但不如小型兽脚类恐龙。

蜥臀类恐龙的运动

蜥臀类是恐龙家族中出了名的巨无霸，它们当中的绝大部分都是庞然大物。像腕龙、梁龙、马门溪龙这样的大家伙，可想而知它们都是缓慢型的恐龙。它们的四肢竖直于地面，就好像四个柱子一般，足部的跖骨呈紧密的柱廊状排列，在功能上成为一个主体，前肢与肩带的连接看起来就是一个倒置的“U”形，形成我们熟悉的拱桥的形状，脚部还可能着生有起着缓冲作用的高弹力软垫，就像我们今天的大象一般。它们的身体结构完全是为了支撑体重而演化的。大多数蜥脚类恐龙体重都能够达到十几吨，个别的甚至能够达到几十吨。所以它们的速度也是恐龙中最慢的，几乎与其他恐龙相差一个数量级。

蜥臀类恐龙毫无疑问是四足行走的恐龙，但我们却发现了一些奇怪蜥臀类恐龙足迹，这些足迹显示蜥臀类恐龙有用两足行走的行为。这引起了很多古生物学家的兴趣，经过研究发现，这种两足行走足迹很可能只是其前肢留下的，形成的原因可能是蜥脚类恐龙有时可能会进入水中取食水生植物，水中的浮力将它们的后半身举起，所以就留下了这些两足行走的足迹。不过也有学者质疑这一说法，他们认为大型的蜥脚类进入水中后很难保持身体平衡，极有可能出现侧倒的情况。但水生习性假说目前没有找到明确的证据来支持，而那些两足行走足迹可能是在特殊的环境下才形成的，例如某些蜥脚类恐龙的前肢重量超过后肢，所踩地面又比较坚硬，所以只有前肢留下了脚印，而后肢的脚印没有保留下来。

总之，基于蜥臀类恐龙庞大的体型与四肢结构，它们最有可能的运动方式是四足行走，即使它们能短暂进行两足行走，可能也走不了几步。

兽脚类恐龙的运动

兽脚类恐龙的身体结构都比较类似，在亿万年的历史中，它们的身体结构相当保守，几乎没有改变，当然这里所说的兽脚类恐龙为非鸟兽脚类，不包括鸟类。鸟类的身体结构出现了相当大的变化，虽然作为兽脚类恐龙的后裔，鸟类却跟它们的祖先有着巨大的差异。

兽脚类恐龙的运动姿态是两足行走，虽然兽脚类恐龙在后期出现了相当多的类群，但它们的后肢比例都十分相似。值得注意的是，兽脚类在行走时，后肢是依靠脚趾来支撑的，简单来说，它们是踮着脚走路，脚掌并没有与地面发生过接触。后肢脚趾中有3个是主要的承重趾。几乎所有的兽脚类恐龙都具备第一套特征，所以它们都是敏捷型恐龙，但兽脚类之间的速度却有着很大的差异。小型的兽脚类恐龙速度很快，而大型的兽脚类恐龙速度仅超过了蜥脚类以及覆盾甲龙类。以霸王龙为例，它的推测速度可能是每小时8千米，而鸭嘴龙类的速度能够达到每小时17千米。从测算速度上来看，霸王龙是远比不上鸭嘴龙类的，但我们有充分的证据支持霸王龙是可以捕食鸭嘴龙类的。这就证明我们目前对于恐龙运动的研究还远远不够，还有很多问题需要解决。

恐龙的生殖

01 恐龙蛋

目前，我们所发现的所有恐龙都是通过产卵来繁殖的。恐龙蛋化石是我们了解恐龙生殖甚至是幼体发育相关信息的重要材料之一。我们还在恐龙蛋化石中发现了恐龙的胚胎化石，例如原始的坚尾龙类、镰刀龙类、窃蛋龙类、伤齿龙类、原蜥脚类、蜥脚类、鸭嘴龙类、角龙类等。对于恐龙卵生的说法也有人提出了质疑，但是现生的鳄类与鸟类作为恐龙最亲近的现生类群都是卵生的，所以恐龙通过产卵来繁殖后代的可靠性很高。

我们发现绝大多数的恐龙蛋都是硬皮蛋，这些硬皮的蛋主要是侏罗纪中期之后的。坚硬的蛋皮主要由碳酸钙所组成，起到保护蛋内部结构的作用。在蛋皮上还可以观察到微观结构，还有气孔来实现蛋内部与外界的气体交换。尤其是白垩纪时期的地层中能够发现很多蛋皮的碎片。而三叠纪晚期与侏罗纪早期的蛋化石比较少见，这可能是在形成化石的过程中各种因素所造成的。也有学者认为早期比较原始的恐龙蛋可能是软皮蛋，类似它们的翼龙类亲戚一样。所以早期的恐龙蛋不易形成化石。

不同的恐龙所产的蛋形状、大小各异。虽然恐龙家族里存在很多的巨无霸，但它们所产的蛋却并不比今天的鸟蛋大多少。目前，我们发现的最大的恐龙蛋与今天鸵鸟的蛋大小差不多。这就意味着恐龙的体型大小与蛋的大小没有太多相关性，体型是后天生长造成的。

由于恐龙蛋化石中绝大部分并不具有胚胎化石，所以我们很难将所有的恐龙蛋与恐龙的种类相对应。因此，恐龙蛋的分类与恐龙的分类不同，有单独的一套分类系统。我国恐龙蛋相关研究虽然在1922年时便出现了，但真正由我国古生物学家独立开始研究要从1950年开始，其中周明镇先生、杨钟健先生、赵资奎先生等古生物学家做出了卓越的贡献。最终根据恐龙蛋的外形、表面纹路、蛋皮显微结构等因素综合考虑，将恐龙蛋分为长形蛋科、圆形蛋科、蜂窝蛋科、网格蛋科、树枝状蛋科、棱柱形蛋科。

02 恐龙的巢穴

虽然我们发现了很多单独并且破碎的恐龙蛋，但同时也发现了很多恐龙巢穴遗迹化石。恐龙的巢穴中含有很多完整的恐龙蛋化石，这些恐龙蛋有一些还保持着之前在巢穴中的排布状态，这为了解恐龙的产卵行为提供了宝贵的素材。

恐龙的巢穴外形通常是圆形或者椭圆形的，里面产卵的数量根据种类有很大差别，并且蛋的排列方式也不同。从已经发现的巢穴遗迹来看，蜥脚类的巢穴多为椭圆形。成年的蜥脚类恐龙通常会用后肢在地面上挖掘出简单的巢穴，然后在里面产蛋，蛋的数量不会太多。产蛋后进行简单覆盖就离开了，遗留下来的巢穴如果遇到洪水就会被掩埋起来，最终形成化石。

兽脚类的巢穴外形上大多为圆形，不同的兽脚类恐龙筑巢的地点也不同，有一些种类喜欢在小山丘上筑巢，而有一些则会靠近水边筑巢。兽脚类恐龙的巢穴最外圈会堆积一层泥土，形成一个圆圈形状的隆起，这可能是为了防止蛋从巢穴中掉落或者防止水流侵入巢穴所准备的。在产蛋的时候，雌性兽脚类恐龙会位于巢穴的中央，然后以自身为圆心转圈产卵，所以蛋的排列方式也是圆圈状。所产的蛋是不对称形状的，也就是类似我们平时看到的鸡蛋。蛋是成对儿出现的，并且蛋的大端朝向巢穴内部，小端朝外。所以，兽脚类在产蛋的时候应该是小端先出来。将蛋以圆圈形排列可能有利于未来蛋的孵化，兽脚类恐龙在产卵完成后可能会用各种物质将蛋覆盖，不同种类所用物质不同。有些种类可能还存在孵化的行为，这样雌性恐龙正好位于蛋的中央，进步的虚骨龙类甚至可能用它们的羽毛来孵化，就像今天的鸟类一样。

我们还发现了大规模恐龙巢穴的遗迹，也就是成片出现的恐龙巢穴。某些鸭嘴龙类恐龙会集体进行筑巢，在一段时间内集中产蛋。这些巢穴的遗迹排布得很有意思，每个巢穴之间会预留出足够的空地，以便于成年恐龙在其中穿行。在对这些巢穴遗迹化石进行深度勘探之后，我们发现在巢穴遗迹地下10米深的地层中，还存在大量类似的巢穴遗迹。这表明这个类群可能以群居的形式生活，并且它们每年都会回到同一个地点进行集体繁殖。只要族群存在就会不断重复这个过程，时间可能持续几百年。

03 恐龙的育幼行为

今天的鸟类与鳄类都存在不同程度的育幼行为。那么恐龙身上是否也存在类似的现象呢？还是说当恐龙蛋孵化后，成年恐龙就不在理睬这些新生的小恐龙，让它们自食其力？在恐龙蛋孵化之前，成年恐龙是否会花费很多精力来照顾这些蛋？这些一直是古生物学家以及公众比较感兴趣的问题。

首先，恐龙在蛋孵化之前会筑巢。但对于筑巢工程中花费的时间与精力则完全不同。大型蜥脚类恐龙可能只是简单地挖掘一个坑来盛放恐龙蛋，并不会精心地筑巢，也不会去孵化这些蛋，我们想象一下毕竟以它们庞大的体型来孵化恐龙蛋真的不是一个好主意。而当恐龙蛋孵化出来以后，蜥脚类恐龙的幼体会迅速融入族群中，依靠群居的力量来保证自身的安全，并在5年的时间内迅速成长。蜥脚类恐龙最重要的防御策略之一就是庞大的身躯。

相对于蜥脚类恐龙来说，兽脚类恐龙对它们的巢穴可就照顾得周到多了。伤齿龙类恐龙会在巢穴周围堆积障碍物，手盗龙类恐龙更是仔细，它们会精确把握这些堆积物与巢穴之间的距离，使得成年恐龙在孵化的时候身体刚好能够将巢穴完全覆盖住，但却又不会碰到蛋。也有文章曾经报道过暴龙类的恐龙虽然不会孵化它们的蛋，但会采取其他方式来照顾这些还没有出世的恐龙宝宝。暴龙类可能会搜集一些枯枝落叶，然后与泥土混合将巢穴覆盖住，利用这些落叶腐烂时产生的热量来孵化恐龙蛋，它们会时刻注意巢穴的温度，温度过低会再覆盖一些物质，温度过高会移走一些物质。而孵化成功的小暴龙类恐龙则以群体为单位生活在茂密的森林里，主要捕食小型动物或者昆虫，成长到亚成年时会慢慢走出森林。

对恐龙宝宝抚育行为最为体贴周到的可能就是慈母龙了。慈母龙属于鸭嘴龙类的一种。我们曾经发现了一具慈母龙类巢穴遗迹化石，并在其中发现了蛋的碎片化石。经过显微观察后发现，这些蛋的碎片化石上有被践踏损坏的痕迹。这可能是慈母龙宝宝在孵化之后，并不会马上离开巢穴，慈母龙妈妈会照顾它们一段时间，在这段时间内，小慈母龙可能会在巢穴中移动，进而产生了这些被践踏的蛋的碎片。不过这一假说也受到了不同程度的质疑，有些古生物学家认为这些碎片可能只是偶然产生的，有可能孵化完成后，巢穴以及里面的蛋皮就被遗弃掉。之后可能是出于躲避掠食者的原因，有其他恐龙幼体躲避在这个巢穴，进而出现了被践踏过的蛋皮化石。另外一个恐龙抚育后代的化石是掘奔龙巢穴化石，我们认为掘奔龙是一种能够挖掘洞穴的恐龙，洞穴就是它们的巢穴。我们在一个恐龙洞穴化石中发现了2具骨骼化石，其中一个是幼年体。经过鉴定为掘奔龙，所以，掘奔龙也有可能会在蛋孵化后照顾幼体一段时间。

慈母龙

恐龙的生长

01 恐龙的骨结构

研究恐龙生长相关问题，其研究方法与现生动物的研究方法相类似。我们可以通过观察恐龙骨组织切片的微观结构来获取相关信息。恐龙的骨骼与现生生物的骨骼在微观结构上十分相似，所以我们能够很轻松地进行研究工作，这归功于我们对于现生动物骨骼细致入微的研究。

我们根据恐龙骨骼的生长结构可以推测生长速率与年龄等相关信息。骨骼的微观结构分为两种，一种是生长迅速所形成的，另一种则是生长缓慢所形成的。生长迅速的时期，骨骼的微观结构呈现纤维状构造，这是因为在骨骼生长时内部充满了胶原纤维，这些胶原纤维随机分布在骨骼内形成了织网状结构或者成为纤维状结构，当然在化石中这些结构已经被矿物晶体所取代，但并不影响我们的观察。而生长缓慢的骨骼，微观结构看起来是典型的层状结构，呈同心圆紧密排列，我们称之为层状结构。

02 恐龙年龄的测定

我们对于恐龙年龄的测定方法有3种，每一种方法都有自己的优缺点，所适用的情况也不同。其中最常用也是最容易理解的方法就是对于恐龙骨骼微观结构的生长纹的计算。在恐龙的骨骼切片中，有一些线条分布，这些线条就像是树木的年轮一样，可用来计算恐龙的年龄。我们称这些线条为生长停滞线。

恐龙与我们一样，通过摄取外部的食物来供给自身的生长，所以不同时间段，恐龙的生长速度不同。简单来说，春季、夏季食物丰富，恐龙更容易获取食物，所以相对来说在这一时期生长得较快，而到了冬季食物减少，恐龙们的生长相对较慢。生长快的时期形成的生长停滞线之间的间隔较大，生长慢的时期间隔减小。从显微镜下观察到的景象来看，这些密布的生长线呈现宽窄带状分布。一宽一窄代表了标本个体经历了一个季节周期。我们就依据这些生长停滞线的分布来推测恐龙的年龄。

不过，这种方法并不是万无一失的。我们发现在蜥脚类恐龙的骨骼上很难观察到这些生长线的宽窄变化，似乎它们没有生长缓慢的时期。这对我们推测蜥脚类恐龙的年龄造成了极大的障碍。除此之外，某些生活在特殊环境中的恐龙，可能是由于缺少食物，生长带的变化受到了影响，导致推测的数据可靠性大大降低。另外，有些骨骼可能在个体生前遇到了损伤，之后又出现了愈合的情况，也使得这些生长纹出现了缺失。总之，在古生物学相关工作中很难只使用一种方法来进行，需要进行跨学科的团队合作研究。

在对生长线的观察中，我们还发现了另一个现象。有一些标本的切片外围出现了几个生长线层紧密排列的情况，在骨骼的外围堆叠在一起。这样的生长纹可能代表着个体已经达到成年，所以生长速率大大降低。这样的生长线我们称之为外周休止线，是判断恐龙是否成年的重要依据之一。

03 兽脚类恐龙的生长

由于研究恐龙生长的问题需要大量的标本来支持，而我们目前发现的兽脚类恐龙化石中，可以提供有用信息的化石数量实在有限，所以我们很难建立整个兽脚类恐龙家族生长速率模型。就目前的研究工作来说，伤齿龙类、暴龙类、异特龙类等这样的兽脚类恐龙都出现了典型的高速生长模式。在幼年时期，它们的骨骼上布满了纤维状骨骼，并且成年的时间差别很大。伤齿龙类可能只需要3~5年就可以达到成年，原始的坚尾龙类可能7~8年，而大型的兽脚类如暴龙类与异特龙类大概需要15~20年才能够成年。根据骨骼化石的观察来看，目前还没有发现生存超过30岁的兽脚类个体，可能绝大多数的兽脚类30岁前就死亡了。

04 蜥脚型类生长

蜥脚型类恐龙的骨骼上有大量的纤维状结构，这表明它们的生长速度很快，这可能是由捕食者的压力以及它们自身独特的生长方式所决定的。但是我们却很难观察到它们的生长线，这表明它们一年四季都在快速生长。不过结合有限的生长线记录来看，虽然蜥脚型类的生长速度都很快，但蜥脚类的生长速率高于原蜥脚类，这可能也是蜥脚类体型更大的原因。由于缺少生长线的记录，所以对于蜥脚型类的成年年龄与个体死亡时的年龄的推测都很困难。我们只能够在上面发现很模糊的生长线痕迹，这些痕迹不能简单地等同于生长停滞线，不过我们也只能依靠这些信息来推测年龄。按照这些信息，有一些古生物学家认为蜥脚型类的成年年龄大概是15岁。但是，另一些古生物学家基于同样的信息，算法不同，得出的结果却是70年。这两个结果相差甚远。如果70年成年的说法更可靠，那么蜥脚型类幼体每年要增重520千克。如果15年的说法正确的话，那么它们每年体重的增长需要达到2吨左右。无论哪种说法正确，蜥脚型类的生长都十分迅速。

05 鸟臀类生长

基于鸟臀类恐龙的骨组织学切片，大部分的鸟臀类恐龙生长较快。其中鸟脚类与角龙类恐龙的骨骼含有大量纤维状结构。尤其是鸭嘴龙类中的慈母龙，它们的幼体孵化之后能够保持非常高的生长速率，孵化后6~8年后生长速率才开始下降。极高的生长速率为慈母龙抚育后代的假说提供了证据。但并不是所有的鸟臀类都这样。覆盾甲龙类似乎与其他鸟臀类相反。尤其是原始的覆盾甲龙类，它们的骨骼中含有大量的层状结构骨骼，与今天的鳄鱼相类似。覆盾甲龙类中的剑龙类生长速率要高于其他覆盾甲龙类，剑龙类的骨骼内层为纤维状结构骨骼，但外层开始出现层状结构。剑龙类可能是孵化后能够在一段时期保持快速生长，但之后生长速率开始明显下降。剑龙类的生长速率比相同体型的其他恐龙要低得多，这种缓慢的生长模式是否同样出现在其他覆盾甲龙类身上，还需要更多的化石证据才能够知晓。

恐龙的灭绝与后裔

01 恐龙的灭绝

恐龙的灭绝，一直是古生物学界与公众关注的话题。关于恐龙到底是如何灭绝的假说大概有100多种，其中有一些听起来就让人觉得不太可信，这样的假说大多缺少证据支持甚至完全没有证据支持。除这些假说之外，有一部分假说还是比较合理的。关于恐龙灭绝假说的最主要分歧在于恐龙是突然灭绝还是逐渐灭绝。无论哪种假说更占据优势，有一个事实是无法改变的：恐龙约在6600万年前灭绝了。但是需要注意，恐龙中绝大部分灭绝了，但仍留存有后裔，今天鸟类是由兽脚类恐龙中的一支演化而来的。所以，我们通常所说的恐龙灭绝中的恐龙是非鸟恐龙，今天的鸟类就生活在我们身边。

恐龙的灭绝是从天而降的灭顶之灾？还是逐渐退出历史舞台？这两种说法都有很多证据支持。其中大家比较耳熟能详的就是小行星撞击假说。在大约6600万年前的白垩纪末期，宇宙中一颗直径10千米左右的小行星冲向了地球，并发生了猛烈的撞击，恐龙就灭绝于这次事件。地质学家们对白垩纪末期的地层进行了详细的调查，并在全球各地都发现了铱元素十分富集的黏土层，这种情况在地球上是十分罕见的，但在地外天体中却很常见。除此之外，地质学家还在铱黏土层中发现了石英颗粒，这些石英颗粒的内部结构出现了改变，这些改变是遭受到高温高压的情况下才会出现的。这些石英颗粒应该是小行星撞击后产生并伴随着其他撞击的尘埃沉积下来的。最令人信服的是，我们在墨西哥尤卡坦半岛发现的希克苏鲁伯陨石坑，这个陨石坑的直径大约为200千米，并且它的撞击年代与铱黏土层的年代相符合。各种证据表明在白垩纪末期确实有一颗小行星撞击了地球，并且带来了足以影响全球的灾难。

但有相当一部分科学家认为恐龙在这次撞击前就已经开始走向衰亡，撞击只不过加速了这一过程而已。首先，白垩纪末期是海平面下降的一个时期。尤其在马斯特里赫克阶（白垩纪最后一个阶，是白垩纪末期的最晚期）全球的海平面出现了剧烈下降，这次的海平面变化是整个中生代最为剧烈的一次，全球气候受到了极大的影响。其次，在白垩纪末期，今天的印度地区发生了大规模的火山活动，并且持续了几万年的时间。喷发而出的岩浆覆盖了周围100万平方千米，沉积的厚度超过了2000米，形成的巨大岩体今天被我们称之为德干地盾。可见当时火山活动的剧烈程度，而火山活动的时间可能与希克苏鲁伯陨石坑撞击的时间相符。

这两种假说都很有说服力，并且拥有足够的证据来支持。但两种假说的支持者也分别驳斥了对方的说法。支持气候巨变假说的人认为：白垩纪末期的小行星撞击的地点是在今天的墨西哥地区，确实对当地的生态环境造成了毁灭性的打击，但受到影响的主要是美洲的恐龙，生活在欧亚大陆的恐龙受到的直接冲击远不如美洲的恐龙。并且小行星撞击后扬起的尘埃也确实遮挡了阳光，但生活在白垩纪极地地区的恐龙每年都会经历极夜时期，经历长达几个月的没有阳光的时期，这些恐龙同样能够生存下来。这一时期地层中所富集的铱元素可能是由火山活动所造成的，所造成的结果与撞击没有差别。同时二叠纪时期的灭绝事件也是由大规模的火山活动所导致。所以，恐龙应该不是直接灭绝于小行星的撞击。

而支持撞击假说的人认为：白垩纪末期的海平面下降，主要影响的是海洋生物，尤其是浅海生物群，因此海生脊椎动物更容易丧失栖息地从而灭绝，但对恐龙的影响十分有限，反而是撞击引起的火山活动导致的酸雨和温度下降对恐龙的影响更大。而根据白垩纪末期生物灭绝情况的研究表明：15%的鱼类、27%的龟鳖类、6%的有鳞类、36%的鳄类、75%的鸟类、75%的有袋类哺乳动物、14%的有胎盘类哺乳动物以及全部的非鸟恐龙在白垩纪末期灭绝。从统计结果上来看，很明显海洋生物受到的影响不及陆生生物。所以小行星撞击才是灭绝事件的主要原因。

这两种说法都相当令人信服，不过它们之间的分歧主要在于恐龙的灭绝速率。如果我们可以详细地研究恐龙的种群数量，可能会得到我们想要的答案。纵观恐龙王朝的历史，我们会发现，除在三叠纪末期恐龙刚刚出现时，恐龙的种类比较少以外，在侏罗纪早期恐龙大辐射后，恐龙的种群数量并没有发生什么变化。也就是说从侏罗纪开始，一直到白垩纪末期，恐龙的种类数量没有出现逐渐减少的趋势。相反，白垩纪时期恐龙的种类数量还略有提升。这可能和白垩纪时期地球各大陆已经彼此分类，不同地区的恐龙走上了不同的演化道路有关。但从种群数量上来看，恐龙没有出现逐渐走向衰败的迹象。但是，我们要时刻牢记，基于化石证据得出的任何结论都存在偏差。例如，我们发现白垩纪时期恐龙的种类略多，这可能是因为致力于研究白垩纪时期的古生物学家更多，所以对于化石挖掘的相关工作做得更多所造成的。或者是由于侏罗纪时期相较于白垩纪时期更为久远，化石保存更为困难，可能有很多种类的恐龙还没有被我们发现。同时，目前关于恐龙的相关研究主要集中在北美地区，各类数据信息也大多是北美洲的恐龙化石标本，基于这样的数据库所得出的结论不能代表全世界所有地区。

话题重新回到最初的问题：恐龙到底是因何灭绝的？无论数据信息存在何样的偏差，我们现在只能基于现有的证据来回答这个问题。恐龙的种类在白垩纪时期没有出现逐渐衰退的情况，而非鸟恐龙又确实是在白垩纪末期一个极短的时间内灭绝了。除此之外，还有很多其他的生物也同时消失了。所以，就目前来看，一场突如其来的地外天体撞击可能是造成这次灭绝的主要原因。当然，其他的因素也参与了灭绝事件，恐龙的灭绝可能是一系列因素所导致的。

02 恐龙的后裔——鸟类

白垩纪末期灭绝事件之后，所有的非鸟恐龙都消失了，不过却留下了大量的生态位空缺。恐龙的近亲鳄类与后裔鸟类都曾想继承恐龙地球霸主的位置，不过哺乳动物最终取得了胜利。鸟类作为恐龙的后裔，翱翔在天空中并繁衍至今，现生的鸟类有1万多种，远超我们目前所发现的所有非鸟恐龙。鸟类之所以能够取得成功，与它们身体上的特征结构有着密切的关系，而这些特征有很多都是继承自它们的恐龙祖先。

鸟类的外形

绝大多数的鸟类的外形依然保持着它们兽脚类祖先的样子，不过在很多细节之处发生了巨大的改变。鸟类的颈椎呈“S”形，这个颈椎的形状不只是鸟类拥有，恐龙类也大多拥有相似的颈椎形状。这个“S”形的脖子可能来源于它们的鸟跖类主龙祖先。鸟类的颈椎的椎骨呈鞍状，并且神经嵴很浅，这样组成的颈椎可以使鸟类的头骨在各个方向上都很灵活，也就能最大程度发挥它们的喙的功能。整个身体呈流线型，能够有效地减小飞行时的空气阻力。

鸟类的骨骼

鸟类的骨骼大多继承自兽脚类祖先，但为了适应飞行，它们的骨骼特征与兽脚类恐龙有很大的差异。鸟类为了飞行，前肢与肩带连接进行了很多的特化，前肢的手指极度退化，完全丧失了抓握的能力，手指已经退化得只剩下了一个小尖。前肢的腕骨关节与肘关节被限制在一个平面上运动，因此可以折叠起来靠在身体的两侧。鸟类的骨骼中最为发达的就是胸骨，胸骨上会附着强大的胸肌，在飞行的时候，牵引翅膀，从而有力地拍打产生向上的升力。鸟类的荐椎彼此愈合以加强自身的强度，而长长的尾椎逐渐缩短，现在只剩下几节尾椎骨，并且愈合形成一个整体，我们称之为尾综骨。鸟类的后肢为了快速奔跑，胫骨与腓骨在近端开始愈合，并且腓骨退化为针状骨骼，胫骨基本上占据主体，这与很多进步的兽脚类恐龙是很相似的，只不过鸟类的腓骨愈合得更严重。单一结构的胫腓骨可以更好地适应快速奔跑及跳跃。而由于尾椎骨的缩短，原本连接在股骨与尾椎骨位置之间的肌肉也退化，而这个肌肉是用来带动股骨行走的。鸟类缩短的尾椎骨打破了身体的平衡，为了保持整体重心，鸟类将股骨近乎与身体保持水平，将重心重新调整到身体中间，与胸骨及胸肌相重合，为所有的运动保持平衡。由于股骨几乎不能移动，所以鸟类的行走是非常特殊的膝关节驱动式行走，它们依靠小腿的摆动来完成行走的过程。跖骨与跗骨相愈合，形成了一个极度拉长的杆状骨骼——跗跖骨。从外形上来看很多人都误以为鸟类拥有一个反向的膝关节，但这只不过是高速运动的一个特化而已，许多哺乳动物也拥有相似的构造。

鸟类的呼吸系统

鸟类具有双呼吸系统，并且体内还具有气囊辅助呼吸。鸟类的双呼吸以及气囊可能在恐龙身上早已出现。我们在蜥脚类恐龙的颈椎中发现了很多气腔，这些气腔在恐龙生前可能充满了气囊，这些气囊可能是为了减轻脖子的重量以及加强颈部强度的。鸟类的气囊不同于恐龙的，它们的气囊与肺部相连接，所以在吸气的时候会有一部分空气储存在气囊中。而当呼气时气囊中的气体进入肺部进行气体交换，这样，鸟类就可以在呼气与吸气时都保证肺部有空气可以提供氧气，保证飞行时的氧气供给。

鸟类的羽毛

鸟类的羽毛同样继承自恐龙祖先。最初的羽毛可能是用来保持体温，后来逐渐发展成为飞行的工具。羽毛的演化同样是古生物学家关注的问题之一，目前我们已经在不同的恐龙身上发现了多种类型的羽毛，从原始的丝状羽毛到进步的羽状羽毛均有发现。

1. 丝状羽毛

目前，我们发现的最原始的羽毛是丝状羽毛。这类羽毛看起来就像我们的头发一样，单独的一根，质地较为柔软，可能是由皮肤的衍生物演化而来的。这样的羽毛明显是不能用于飞行的，更多的可能是用来保存体温。我们在天宇龙的身上发现了这样的羽毛，而天宇龙属于鸟臀目的恐龙，所以可能所有的恐龙都具备羽毛，而并不单独属于兽脚类中的某些类群。我们还在翼龙类身上发现了绒毛状的皮肤衍生物，如果这个化石可靠的话，羽毛可能出现的时间更早，在主龙类身上就已经具备最原始的羽毛状物质了。

2. 羽囊的出现

羽毛演化的第二个阶段，可能是羽囊的出现。我们在北票龙的身上同样发现了丝状羽毛，相对于天宇龙身上的羽毛，北票龙的羽毛覆盖了身体的大部分。羽毛相对来说也更粗壮了一些，最主要的是我们发现羽毛根部都处于皮肤内部，看起来就类似人类的头发一样，从皮肤的毛囊中生长出来，这样生长的羽说更加牢固。

羽轴的出现

轴的出现是羽毛演化的重要阶段。我们在中华龙鸟的前肢上发现的羽毛化石呈紧密有序排列，从外来看，这些羽毛变得更为直立，并且中间出现了羽轴。这些羽毛可以附着在前肢上，有些进步的兽脚类恐龙的前肢骨骼上还存在一个个小的突起，这些突起可能就是羽毛着生的痕迹，羽轴可使羽毛更牢固。

4. 羽枝的出现

羽枝是羽毛上的重要结构之一。它们从羽轴上生长出来，最初的羽枝可能只有零星的几根，随着羽毛的演化，羽枝的数量逐渐增多，共同组成一个平面，进而组成了羽平面。羽平面的出现使得羽毛看起来与今天的鸟类羽毛几乎没有什么差别。窃蛋龙类身上发现了大量具有羽平面的羽毛化石，不过它们仍然不能飞行，可能这样的羽毛能够让它们在孵化的时候将蛋覆盖在羽毛之下。

5. 飞羽的出现

我们在小盗龙身上发现了与今天鸟类羽毛高度相似的羽毛化石。这些羽毛化石无论从外形还是微观结构上来看，几乎与今天的羽毛并无二致。而小盗龙也可以凭借这个羽毛在树林中短暂地滑翔。整个羽毛更加符合飞行的需要，最终演化成了今天鸟类的羽毛。